23년 출간 교재 | 24년 출간 교재 | 25년 출간 교재

영역	과목	교재	예비 초등	1-2학년				3-4학년				5-6학년				예비 중등	
쓰기력	국어	한글 바로 쓰기	P1 P2 P3 P1~3_활동 모음집														
	국어	맞춤법 바로 쓰기		1A	[illegible]	[illegible]	[illegible]										
어휘력	전 과목	어휘		[illegible]	[illegible]	[illegible]	[illegible]	[illegible]	[illegible]	4A	4B	5A	5B	6A	6B		
	전 과목	한자 어휘		[illegible]	[illegible]	2A	2B	3A	3B	4A	4B	5A	5B	6A	6B		
	영어	파닉스		1		2											
	영어	영단어						3A	3B	4A	4B	5A	5B	6A	6B		
독해력	국어	독해	P1 P2	1A	1B	2A	2B	3A	3B	4A	4B	5A	5B	6A	6B		
	한국사	독해 인물편						1		2		3		4			
	한국사	독해 시대편						1		2		3		4			
계산력	수학	계산		1A	1B	2A	2B	3A	3B	4A	4B	5A	5B	6A	6B	7A	7B

영역	과목	교재	예비 초등	1-2학년				3-4학년				5-6학년				예비 중등
교과서 문해력	전 과목	교과서가 술술 읽히는 서술어		1A	1B	2A	2B	3A	3B	4A	4B	5A	5B	6A	6B	
	사회	교과서 독해						3A	3B	4A	4B	5A	5B	6A	6B	
	과학	교과서 독해						3A	3B	4A	4B	5A	5B	6A	6B	
	수학	문장제 기본		1A	1B	2A	2B	3A	3B	4A	4B	5A	5B	6A	6B	
	수학	문장제 발전		1A	1B	2A	2B	3A	3B	4A	4B	5A	5B	6A	6B	

영역	과목	교재	예비 초등 ~ 초등 2학년	3-4학년	5-6학년	예비 중등
창의·사고력	전 과목	교과서 놀이 활동북	1 2 3 4 (예비 초등 ~ 초등 2학년)			
⁝						

* 완자 공부력 신간은 계속해서 출간됩니다.

예비 중등 수학

계산 7B

수학 계산

단계별 구성

1A	1B	2A	2B	3A	3B	4A
9까지의 수	100까지의 수	세 자리 수	네 자리 수	세 자리 수의 덧셈	곱하는 수가 한·두 자리 수인 곱셈	큰 수
9까지의 수 모으기, 가르기	받아올림이 없는 두 자리 수의 덧셈	받아올림이 있는 두 자리 수의 덧셈	곱셈구구	세 자리 수의 뺄셈	나누는 수가 한 자리 수인 나눗셈	각도의 합과 차, 삼각형·사각형의 각도의 합
한 자리 수의 덧셈	받아내림이 없는 두 자리 수의 뺄셈	받아내림이 있는 두 자리 수의 뺄셈	길이 (m, cm)의 합과 차	나눗셈의 의미	분수로 나타내기, 분수의 종류	세 자리 수와 두 자리 수의 곱셈
한 자리 수의 뺄셈	10이 되는 더하기, 10에서 빼기	세 수의 덧셈과 뺄셈	시각과 시간	곱하는 수가 한 자리 수인 곱셈	들이·무게의 합과 차	나누는 수가 두 자리 수인 나눗셈
50까지의 수	받아올림이 있는 (몇)+(몇), 받아내림이 있는 (십몇)-(몇)	곱셈의 의미		길이(cm와 mm, km와 m)·시간의 합과 차		
				분수와 소수의 의미		

수, 연산, 측정, 자료와 가능성, 변화와 관계 영역에서
핵심 개념을 쉽게 이해하고, 다양한 계산 문제로 계산력을 키워요!

4B	5A	5B	6A	6B	7A	7B
분모가 같은 분수의 덧셈	자연수의 혼합 계산	수 어림하기	나누는 수가 자연수인 분수의 나눗셈	나누는 수가 분수인 분수의 나눗셈	소인수분해	문자의 사용과 식
분모가 같은 분수의 뺄셈	약수와 배수	분수의 곱셈	나누는 수가 자연수인 소수의 나눗셈	나누는 수가 소수인 소수의 나눗셈	정수와 유리수	일차식과 그 계산
소수 사이의 관계	약분과 통분	소수의 곱셈	비와 비율	비례식과 비례배분	정수와 유리수의 덧셈과 뺄셈	등식과 방정식
소수의 덧셈	분모가 다른 분수의 덧셈	평균	직육면체의 부피	원주, 원의 넓이	정수와 유리수의 곱셈과 나눗셈	일차방정식의 풀이
소수의 뺄셈	분모가 다른 분수의 뺄셈		직육면체의 겉넓이			일차방정식의 활용
	다각형의 둘레와 넓이					

특징과 활용법

누가 공부할까요?

- ☑ 현재 초등학교 5~6학년이에요.
- ○ 완자공부력 수학 계산 1A~6B까지 모두 풀었어요.
- ○ 중학생이 되기 전에 중등 수학의 기초를 공부하고 싶어요.
- ○ 중등 수학 선행을 하려고 하는데, 중등 개념서가 너무 어려워요.

질문 중 하나라도 해당되면
완자공부력 수학 계산 7A, 7B로 공부하자.

무엇을 공부할까요?

- ○ 중등 수학의 기본이 되는 중1 수와 연산, 문자와 식에 대해 배워요.
- ○ 7A 수와 연산에서는 소인수분해를 하는 방법과 정수와 유리수에 대해 배워요.
- ○ 7B 문자와 식에서는 문자를 사용하여 식을 계산하는 방법과 일차방정식에 대해서 배워요.

어떻게 공부할까요?

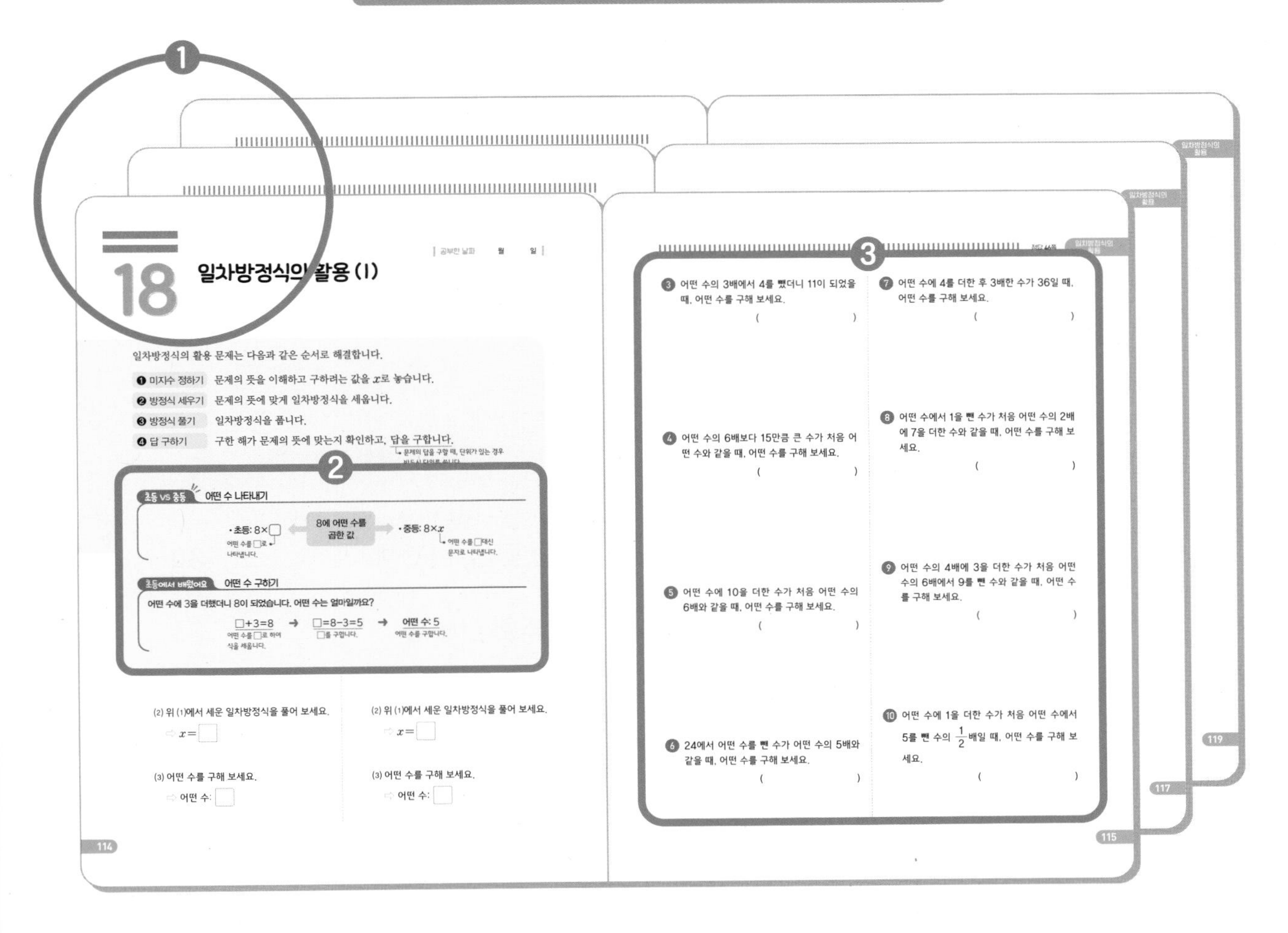

❶ 하루에 6쪽씩 20일 동안 공부해요.

❷ **초등 VS 중등** 같은 개념이 초등과 중등에서 어떻게 다르게 표현되는지 비교해요.

초등에서 배웠어요 초등에서 배운 내용이 중등 과정과 어떻게 연계되는지 살펴봐요.

❸ 문제를 풀면서 배운 개념을 익혀요.

➕ 20일 공부를 마친 후에는 성취도 평가로 내 실력을 점검해요.

차례

2022개정 교육과정 초등, 중등 수학 계통도

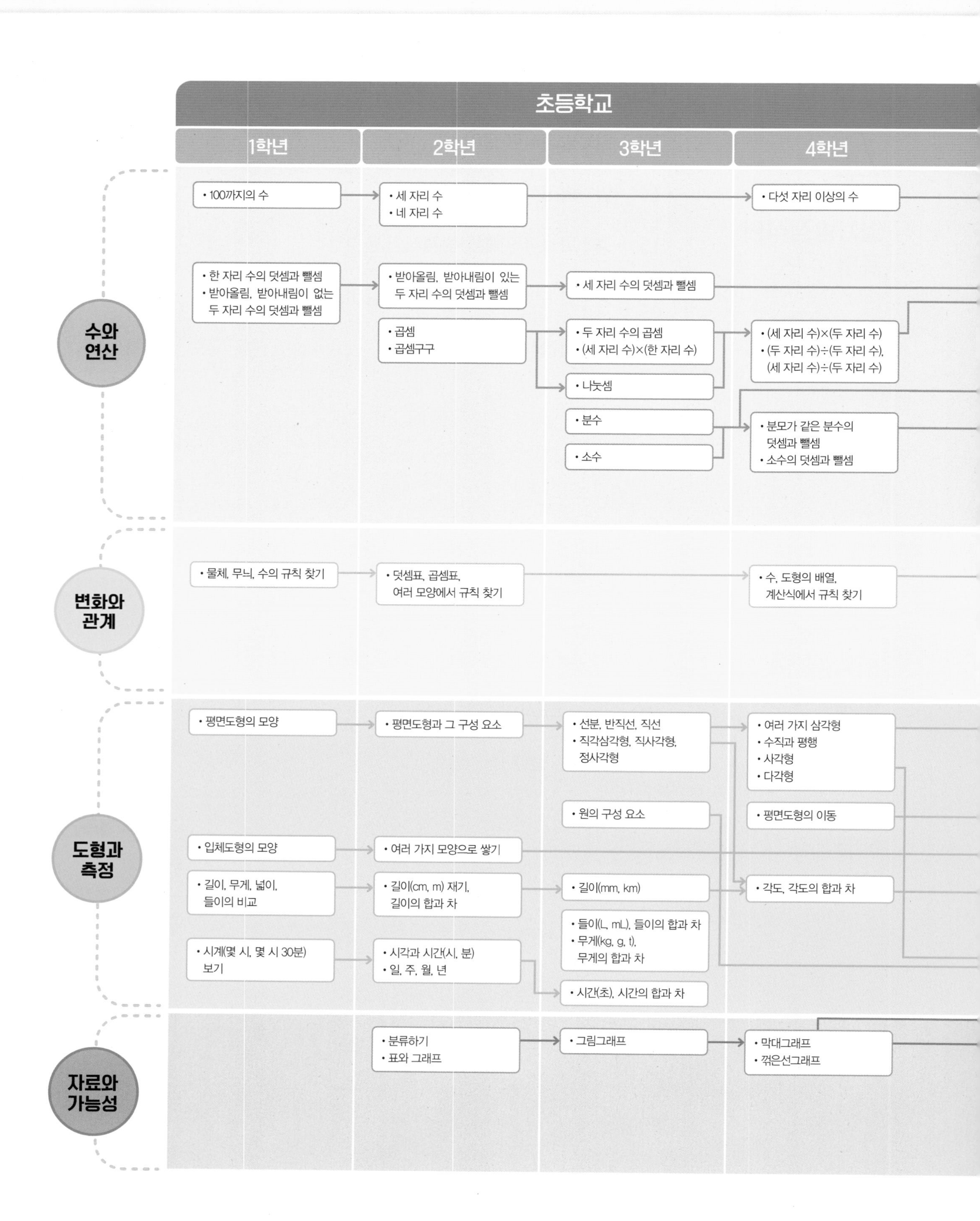

초등학교
1학년
2학년
3학년
4학년
수와 연산
• 100까지의 수
• 세 자리 수
• 네 자리 수
• 다섯 자리 이상의 수
• 한 자리 수의 덧셈과 뺄셈
• 받아올림, 받아내림이 없는 두 자리 수의 덧셈과 뺄셈
• 받아올림, 받아내림이 있는 두 자리 수의 덧셈과 뺄셈
• 세 자리 수의 덧셈과 뺄셈
• 곱셈
• 곱셈구구
• 두 자리 수의 곱셈
• (세 자리 수)×(한 자리 수)
• 나눗셈
• (세 자리 수)×(두 자리 수)
• (두 자리 수)÷(두 자리 수), (세 자리 수)÷(두 자리 수)
• 분수
• 소수
• 분모가 같은 분수의 덧셈과 뺄셈
• 소수의 덧셈과 뺄셈
변화와 관계
• 물체, 무늬, 수의 규칙 찾기
• 덧셈표, 곱셈표, 여러 모양에서 규칙 찾기
• 수, 도형의 배열, 계산식에서 규칙 찾기
도형과 측정
• 평면도형의 모양
• 평면도형과 그 구성 요소
• 선분, 반직선, 직선
• 직각삼각형, 직사각형, 정사각형
• 여러 가지 삼각형
• 수직과 평행
• 사각형
• 다각형
• 원의 구성 요소
• 평면도형의 이동
• 입체도형의 모양
• 여러 가지 모양으로 쌓기
• 길이, 무게, 넓이, 들이의 비교
• 길이(cm, m) 재기, 길이의 합과 차
• 길이(mm, km)
• 각도, 각도의 합과 차
• 들이(L, mL), 들이의 합과 차
• 무게(kg, g, t), 무게의 합과 차
• 시계(몇 시, 몇 시 30분) 보기
• 시각과 시간(시, 분)
• 일, 주, 월, 년
• 시간(초), 시간의 합과 차
자료와 가능성
• 분류하기
• 표와 그래프
• 그림그래프
• 막대그래프
• 꺾은선그래프

2022 개정 교육과정 적용 시기				
	2024년	2025년	2026년	2027년
초등학교	1, 2학년	3, 4학년	5, 6학년	
중학교		1학년	2학년	3학년
고등학교		1학년	2학년	3학년

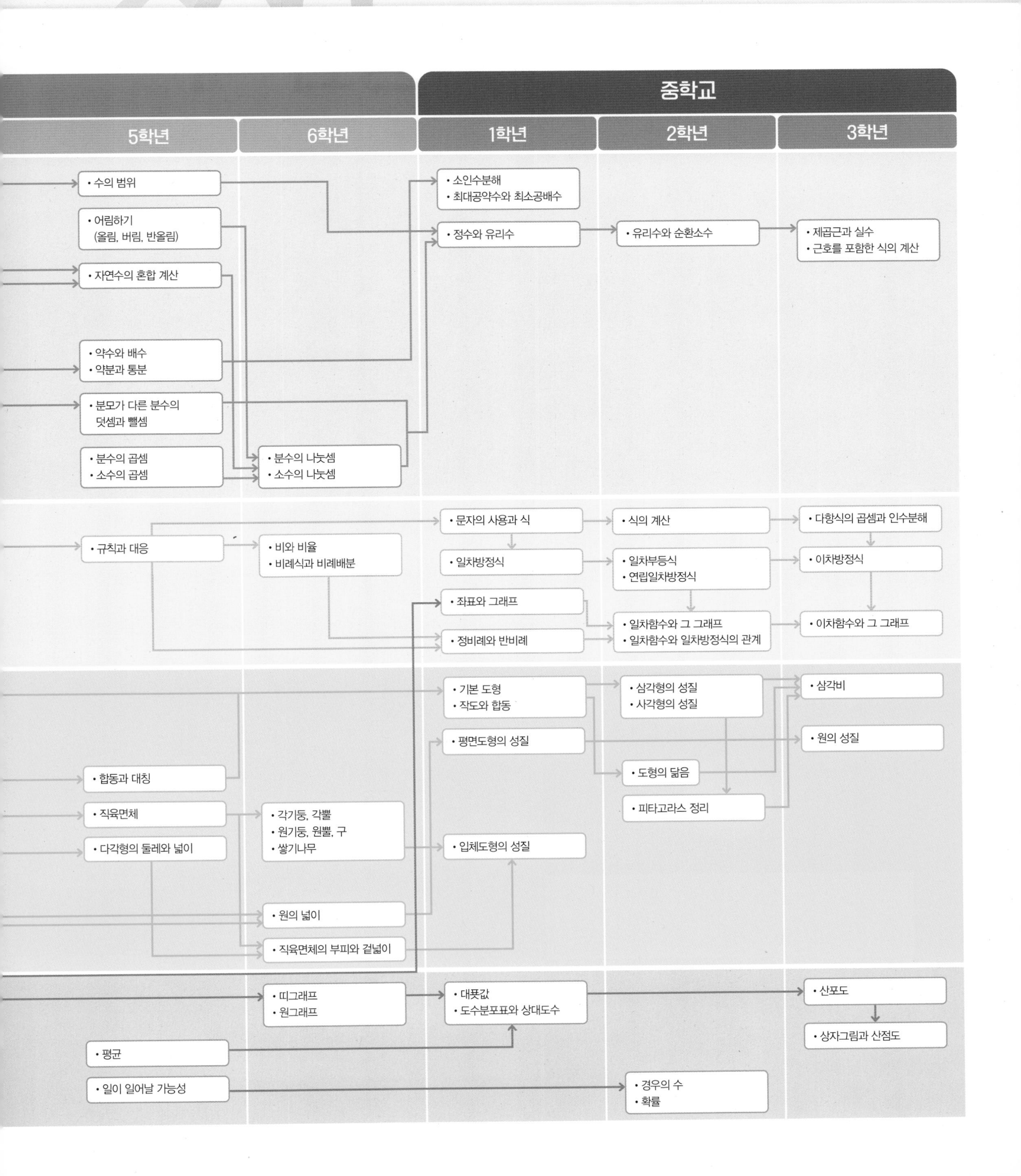

1 문자의 사용과 식

문자를 사용한 식 (1)

공부한 날짜 월 일

문자를 사용하면 수량이나 수량 사이의 관계를 간단한 식으로 나타낼 수 있습니다.

예 한 병에 1000원인 음료수 x병의 가격 나타내기
(음료수 한 병의 가격)×(음료수 병의 개수)
➜ $(1000 \times x)$원

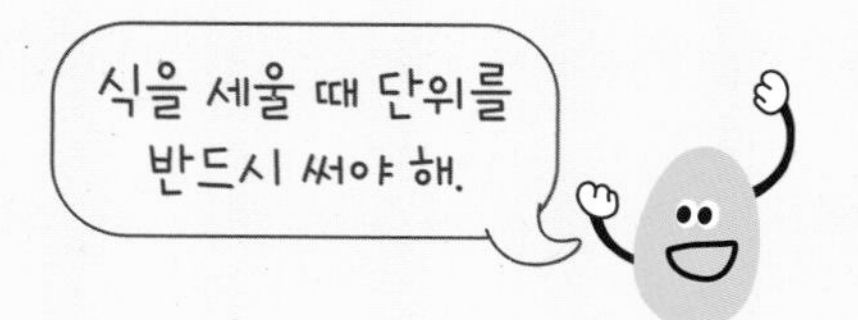

초등 VS 중등 어떤 수 나타내기

• 초등: 8×□ — 어떤 수를 □로 나타냅니다.

8에 어떤 수를 곱한 값

• 중등: $8 \times x$ — 어떤 수를 □대신 문자로 나타냅니다.

○ 문자를 사용한 식으로 나타내어 보세요.

1 현재 13세인 지유의 a년 후의 나이

⇨ (a년 후의 나이)＝(현재 나이)＋a

⇨ (   )

2 십의 자리의 숫자가 x, 일의 자리의 숫자가 2인 두 자리의 자연수

⇨ (두 자리의 자연수)＝10×(십의 자리의 숫자)＋(일의 자리의 숫자)

⇨ (   )

3 가로의 길이가 a cm, 세로의 길이가 b cm인 직사각형의 넓이

⇨ (직사각형의 넓이)＝(가로의 길이)×(세로의 길이)

⇨ (   )

곱셈 기호의 생략

수와 문자, 문자와 문자의 곱에서는 곱셈 기호 ×를 생략하고 다음과 같이 나타냅니다.

① 수와 문자의 곱은 수를 문자의 앞에 → $2\times a=2a$, $b\times(-3)=-3b$

② 1 또는 −1과 문자의 곱은 1을 생략 → $a\times 1=a$, $(-1)\times b=-b$

③ 문자와 문자의 곱은 알파벳 순서로 → $x\times a\times b=abx$

④ 같은 문자의 곱은 거듭제곱으로 → $a\times a\times a=a^3$

주의 $0.1\times a$는 1을 생략하지 않고 $0.1a$로 씁니다.

참고 분수 꼴의 유리수와 문자의 곱에서는 다음과 같이 두 가지 형태로 나타낼 수 있습니다.

$$a\times\frac{3}{5}=\frac{3}{5}a \quad \text{또는} \quad a\times\frac{3}{5}=\frac{3a}{5}$$

$\frac{3}{5}$을 문자 앞에 / a와 3을 곱하여 분자에

○ 곱셈 기호 ×를 생략한 식으로 나타내어 보세요.

4 $3\times a=$

5 $(-5)\times x=$

6 $y\times(-1)=$

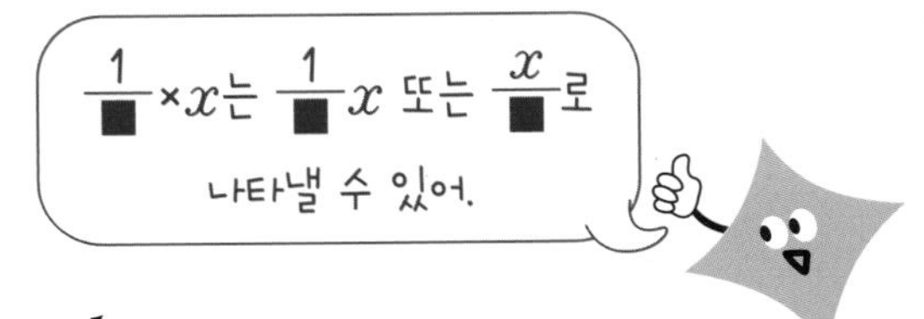

7 $\frac{1}{2}\times b=$

8 $c\times\frac{2}{3}=$

9 $x\times 0.1=$

10 $(-1.1)\times a=$

11 $x\times y=$

◎ 곱셈 기호 ×를 생략한 식으로 나타내어 보세요.

⑫ $a\times b\times c=$

⑬ $x\times 3\times a=$

⑭ $b\times a\times 0.1=$

⑮ $x\times x\times x\times x=$

⑯ $a\times a\times b\times b=$

⑰ $\frac{1}{5}\times x\times x=$

⑱ $b\times a\times(-2)\times b=$

⑲ $(x+y)\times 4=$

수는 괄호 앞에 쓰고,
기호 +, −는 생략할 수 없어.

⑳ $(-1)\times(a-b)=$

㉑ $x+6\times y=$

㉒ $2\times a+5\times y=$

㉓ $(-0.1)\times x+x\times y\times 7=$

나눗셈 기호의 생략

방법 1 나눗셈 기호를 생략하고 분수 꼴로 나타냅니다.

$$a \div 3 = \frac{a}{3}$$

방법 2 나눗셈을 역수의 곱셈으로 고친 후 곱셈 기호 ×를 생략합니다.

$$a \div 3 = a \times \frac{1}{3} = \frac{a}{3} \left(\text{또는 } \frac{1}{3}a\right)$$

$\div 3$을 $\times \frac{1}{3}$로 바꾸기

참고 1 또는 −1로 나눌 때는 1을 생략하고 씁니다.

- $a \div 1 = \frac{a}{1} = a$
- $a \div (-1) = \frac{a}{-1} = -a$

초등에서 배웠어요 분수의 나눗셈

$$2 \div 5 = \frac{2}{5}$$

분자로, 분모로

$$\frac{5}{6} \div 3 = \frac{5}{6} \times \frac{1}{3} = \frac{5}{18}$$

$\div 3$을 $\times \frac{1}{3}$로 바꾸기

○ 나눗셈 기호 ÷를 생략한 식으로 나타내어 보세요.

24 $a \div 7 =$

25 $3 \div b =$

26 $x \div (-2) =$

27 $(-4) \div y =$

28 $(-1) \div c =$

29 $\frac{1}{2} \div y =$

나눗셈 기호 ÷를 생략한 식으로 나타내어 보세요.

30. $a \div b \div c = a \times \frac{1}{\square} \times \frac{1}{\square} = \square$

31. $y \div 5 \div x =$

32. $(-3) \div a \div b =$

33. $y \div z \div \frac{1}{x} =$

34. $10 \div (x+y) = \frac{10}{\square}$

괄호 안의 식은 하나의 문자처럼 생각해.

35. $(a+b) \div (-8) =$

36. $(a+1) \div (-1) =$

37. $(a+b) \div (c-d) =$

38. $(x+3) \div y \div z =$

39. $a + b \div 4 =$

40. $x \div 7 + y \div 11 =$

41. $1 \div (x+y) - z \div 9 =$

○ **기호 ×, ÷를 생략한 식으로 나타내어 보세요.**

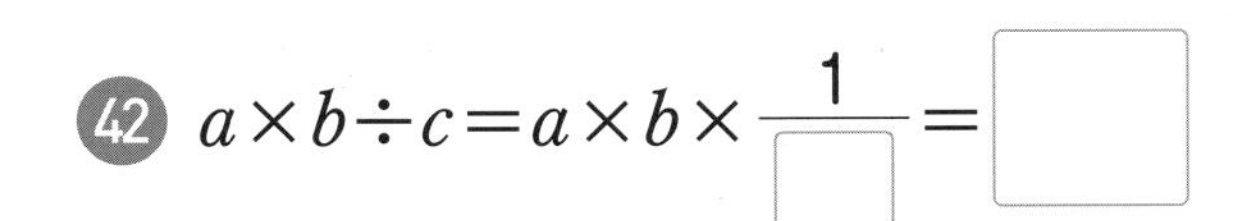

42 $a\times b\div c=a\times b\times\frac{1}{\square}=\square$

곱셈, 나눗셈 기호가 섞여 있는 경우,
먼저 나눗셈을 역수의 곱셈으로 고쳐.

43 $a\div 3\times b=$

44 $(-2)\div x\times y=$

45 $x\times x\div y=$

46 $b\div a\times y\div x=$

47 $a\times 7\div x\times a\div y=$

48 $x\div(y\times z)=$

49 $2\times x+y\div z=$

50 $b\times a-c\div(-5)=$

51 $3-a\div b\times c=$

52 $x\times(z-1)\div y=$

53 $a\div(b+c)-b\times b=$

문자를 사용한 식 (2)

문자를 사용한 식에 자주 쓰이는 수량 사이의 관계

(1) (물건 가격)=(물건 한 개의 가격)×(물건의 개수)

(2) (거스름돈)=(지불한 금액)−(물건의 가격)

(3) (두 자리의 자연수)=10×(십의 자리의 숫자)+(일의 자리의 숫자)

(4) $a\,\%=\dfrac{a}{100}$

(5) (거리)=(속력)×(시간), (속력)=$\dfrac{(거리)}{(시간)}$, (시간)=$\dfrac{(거리)}{(속력)}$

참고 속력을 나타낼 때는 시속 3 km, 초속 2 m와 같이 '시속 ~', '초속 ~' 등을 붙여서 어떤 시간에 대한 속력인지를 나타내야 합니다.

기호 ×, ÷를 생략한 식으로 나타내어 보세요.

1 화살을 쏘아 과녁의 9점을 x번 맞혔을 때 얻는 점수

⇨ (맞힌 과녁의 점수)×(맞힌 횟수)

⇨ $9\times x=$ ________________ (점)

2 4점짜리 문제 x개와 5점짜리 문제 y개를 맞혔을 때 얻는 점수

⇨ (   )

답을 나타낼 때 잊지 말고 단위를 꼭 쓰자.

3 도넛을 8개씩 n개의 상자에 담고 2개가 남았을 때, 도넛의 전체 개수

⇨ (   )

4 한 개에 700원인 바나나 a개와 한 개에 1200원인 사과 b개의 가격

⇨ ( )

5 한 자루에 1000원인 볼펜을 x자루 사고 10000원을 낼 때 받는 거스름돈

⇨ ( )

6 백의 자리의 숫자가 a, 십의 자리의 숫자가 b, 일의 자리의 숫자가 7인 세 자리의 자연수

⇨ ( )

7 학생 x명의 29 %

⇨ ( )

8 윗변의 길이가 x cm, 아랫변의 길이가 y cm, 높이가 b cm인 사다리꼴의 넓이

⇨ ( )

9 시속 a km로 달리는 자동차가 20 km를 이동하는 데 걸린 시간

⇨ ( )

대입과 식의 값

- **대입**: 문자를 사용한 식에서 문자에 어떤 수를 바꾸어 넣는 것
- **식의 값**: 문자를 사용한 식에서 **문자에 어떤 수를 대입**하여 계산한 결과

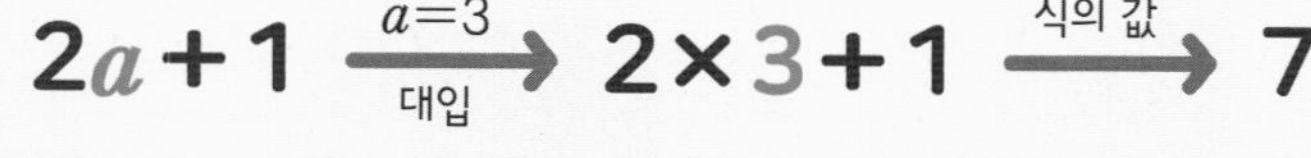

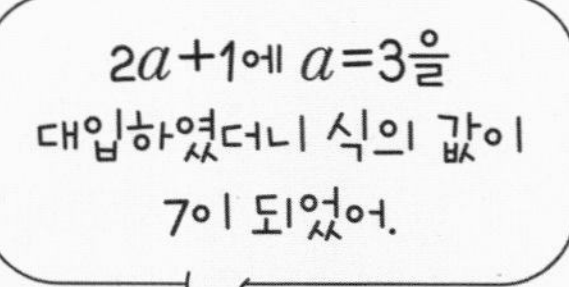

2a+1에 a=3을 대입하였더니 식의 값이 7이 되었어.

- **식의 값 구하기**

① 주어진 식에서 생략된 곱셈 기호 ×를 다시 씁니다.
② 문자에 주어진 수를 대입하여 식의 값을 계산합니다.
이때 음수를 대입하는 경우 반드시 괄호를 사용합니다.

◯ a의 값이 다음과 같을 때, $3a-1$의 값을 구하려고 합니다. □ 안에 알맞은 수를 써넣으세요.

10 $a=0$

⇨ $3a-1=3\times\square-1=\square$

11 $a=4$

⇨ $3a-1=3\times\square-1=\square$

12 $a=-1$

음수를 대입하는 경우 괄호를 사용합니다.

⇨ $3a-1=3\times(\square)-1=\square$

◯ a의 값이 다음과 같을 때, $-\frac{1}{2}a$의 값을 구하려고 합니다. □ 안에 알맞은 수를 써넣으세요.

13 $a=1$

⇨ $-\frac{1}{2}a=-\frac{1}{2}\times\square=\square$

14 $a=6$

⇨ $-\frac{1}{2}a=-\frac{1}{2}\times\square=\square$

15 $a=-4$

⇨ $-\frac{1}{2}a=-\frac{1}{2}\times(\square)=\square$

○ $x=-2$일 때, 다음 식의 값을 구해 보세요.

16 $4x=$

문자에 음수를
대입할 때는
괄호를 사용해.

17 $-2x=$

18 $-x+3=$

19 $\frac{1}{4}x+1=$

20 $x^2=$

21 $-x^2+5=$

○ $a=\frac{3}{2}$일 때, 다음 식의 값을 구해 보세요.

22 $2a=$

23 $4a-3=$

24 $\frac{a}{3}+2=$

식의 값이 가분수인 경우
대분수로 나타내지 않아도 돼.

25 $-a^2=$

$-a^2$은 a를 먼저 제곱한
다음 −를 붙이고,
$(-a)^2$은 a에 먼저 −를
붙인 다음 제곱해야 해.

26 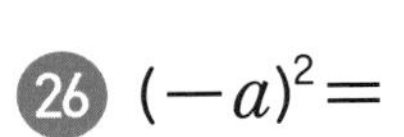 $(-a)^2=$

27 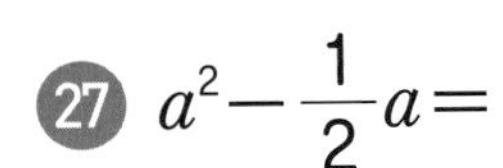 $a^2-\frac{1}{2}a=$

○ $x=3$일 때, 다음 식의 값을 구해 보세요.

㉘ $\frac{2}{x}=$

㉙ $-\frac{1}{x}=$

㉚ $\frac{6}{x}=$

㉛ $-\frac{12}{x}+6=$

㉜ $\frac{9}{x^2}=$

㉝ $1+\frac{3}{2x}=$

○ $x=-4$일 때, 다음 식의 값을 구해 보세요.

㉞ $\frac{1}{x}=$

분모에 음수를
대입한 후 − 부호는
분수 앞으로 옮겨 줘.

㉟ $\frac{16}{x}=$

㊱ $-\frac{2}{x}=$

㊲ $\frac{2}{x}+\frac{3}{2}=$

㊳ $-\frac{3}{x^2}=$

㊴ $x^2+\frac{4}{x}=$

○ $a=1$, $b=2$일 때, 다음 식의 값을 구해 보세요.

40 $5ab=5\times a\times\square$

$=5\times\square\times\square$

$=\square$

41 $-a+b=$

42 $2a-3b=$

43 $a+\frac{b}{2}=$

44 $b-a^2=$

45 $\frac{a-b}{a+b}=$

○ $x=2$, $y=-5$일 때, 다음 식의 값을 구해 보세요.

46 $x-y=$

47 $\frac{y}{x}=$

48 $5x-2y=$

49 $4-xy=$

50 $\frac{x}{3y+1}=$

51 $-x(y+1)=$

문자의 사용과 식 평가

공부한 날짜 월 일

○ 곱셈 기호 ×를 생략한 식으로 나타내어 보세요.

❶ $10\times x=$

❷ $a\times\left(-\frac{1}{3}\right)=$

❸ $(-0.1)\times y=$

❹ $2a\times b=$

❺ $x\times(-7)\times y=$

❻ $x\times y\times y\times y=$

❼ $a\times a+x\times x=$

❽ $(x+y)\times\left(-\frac{2}{3}\right)=$

❾ $\frac{1}{4}\times a-\frac{3}{5}\times b=$

❿ $a\times(x-1)\times b=$

나눗셈 기호 ÷를 생략한 식으로 나타내어 보세요.

11 $x \div 8=$

12 $(-5) \div b=$

13 $x \div y \div (-2)=$

14 $6 \div (x+1)=$

15 $a \div 5+y \div (-4)=$

기호 ×, ÷를 생략한 식으로 나타내어 보세요.

16 $a \times 11 \div b=$

17 $x \div y \times x=$

18 $a \div b \div c \times x=$

19 $x \div 9+y \times (-12)=$

20 $a \times b-2 \div (a+b)=$

문자의 사용과 식 평가

○ 문자를 사용한 식으로 나타내어 보세요.
(단, 기호 ×, ÷는 생략합니다.)

21 한 개에 200원인 사탕 x개의 가격
⇨ (　　　　　　　　　　　　　　　)

22 자연수 x의 2배보다 1만큼 큰 수
⇨ (　　　　　　　　　　　　　　　)

23 a개에 5000원인 오렌지 한 개의 가격
⇨ (　　　　　　　　　　　　　　　)

24 밑변의 길이가 x cm, 높이가 y cm인 삼각형의 넓이
⇨ (　　　　　　　　　　　　　　　)

25 자전거를 타고 x시간 동안 10 km를 달렸을 때, 자전거의 속력
⇨ (　　　　　　　　　　　　　　　)

○ $a=4$일 때, 다음 식의 값을 구해 보세요.

26 $3a=$

27 $-\frac{1}{2}a+1=$

28 $-a^2-3=$

29 $\frac{8}{5a}=$

30 $-\frac{1}{a}+\frac{5}{4}=$

○ $a=-\frac{1}{3}$일 때, 다음 식의 값을 구해 보세요.

31 $-4a=$

32 $6a+1=$

33 $1-\frac{1}{2}a=$

34 $(-a)^3=$

35 $a^2+\frac{1}{3}a=$

○ 다음을 구해 보세요.

36 $a=-1$, $b=3$일 때, ab의 값

⇨ (   )

37 $x=\frac{1}{2}$, $y=1$일 때, $4x-y$의 값

⇨ (   )

38 $a=4$, $b=2$일 때, $\frac{2a+b}{5}$의 값

⇨ (   )

39 $x=-5$, $y=-4$일 때, $\frac{y+3}{x-2}$의 값

⇨ (   )

40 $a=\frac{3}{4}$, $b=-\frac{1}{2}$일 때, $\frac{1}{2}a-b^2$

⇨ (   )

2 일차식과 그 계산

04 다항식

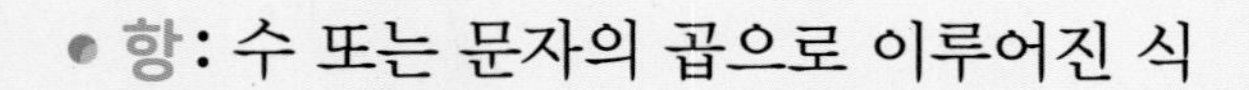

- **항**: 수 또는 문자의 곱으로 이루어진 식
- **상수항**: 문자 없이 수만으로 이루어진 항
- **계수**: 항에서 문자에 곱한 수
- **다항식**: 한 개 또는 두 개 이상의 항의 합으로 이루어진 식 예 $2x$, $-y+1$, $6a+3b$
- **단항식**: 다항식 중에서 항이 한 개 뿐인 식 예 $2x$, $-3y^2$, -3

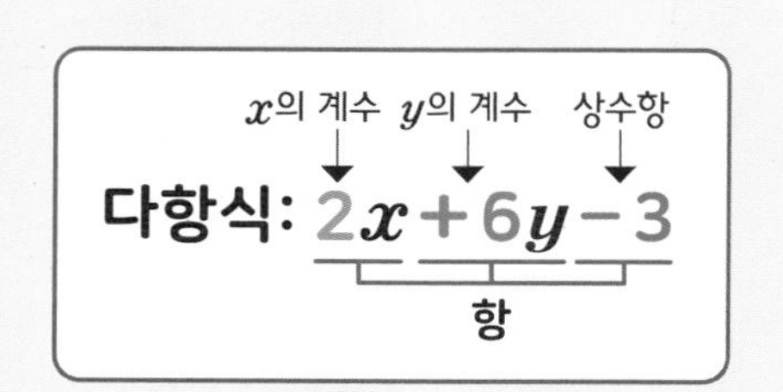

○ □ 안에 알맞은 것을 쓰고, 다항식의 항을 모두 구해 보세요.

각 항을 기호 +를 사용하여 연결하면 항을 찾기 편리합니다.

1 $2x-5=2x+(\square)$

⇨ 항: $2x$, □

2 $-4x-3y-1$

$=-4x+(\square)+(\square)$

⇨ 항: ______

3 $x^2-\dfrac{1}{2}x+3$

$=x^2+(\square)+3$

⇨ 항: ______

○ 다항식에서 상수항을 구해 보세요.

4 $3a+b+4$ (　　　)

5 $\dfrac{x^2}{3}-1$ (　　　)

6 $6-4x+7y$ (　　　)

7 $\dfrac{5x-2}{3}$ (　　　)

다항식에서 각 문자의 계수를 구해 보세요.

8. $x+9$

x의 계수 (　　　　)

$x=1\times x$로 생각할 수 있어.

9. $2a+b$

a의 계수 (　　　　)

b의 계수 (　　　　)

10. $8x-3y$

x의 계수 (　　　　)

y의 계수 (　　　　)

11. x^2-2x-3

x^2의 계수 (　　　　)

x의 계수 (　　　　)

12. $-3x^2+\frac{x}{2}-1$

x^2의 계수 (　　　　)

x의 계수 (　　　　)

단항식인 것에 ○표, 단항식이 아닌 것에 ×표 하세요.

13. $x+y$ (　　　　)

14. $-3a$ (　　　　)

15. -11 (　　　　)

16. y^2+2 (　　　　)

17. $2\times x^2$ (　　　　)

18. $\frac{2+y}{5}$ (　　　　)

일차식

- **항의 차수**: 어떤 항에서 문자가 곱해진 개수

예 $5x^2=5\times x\times x$이므로 $5x^2$의 차수는 2입니다.
└ 곱해진 문자가 2개

5x^2 ← 차수

- **다항식의 차수**: 다항식에서 **차수가 가장 큰** 항의 차수

예 다항식 $\underset{2차}{3x^2}+\underset{1차}{6x}+\underset{0차}{4}$의 차수는 2입니다.

다항식의 차수
$3x^2+6x+4$

- **일차식**: **차수가 1인 다항식**

예 $x+1$, $-\frac{1}{2}y+3$

참고 $\frac{1}{x}$과 같이 분모에 문자가 있는 식은 다항식이 아닙니다. 따라서 일차식도 아닙니다.

○ 단항식의 차수를 구해 보세요.

19. $2a^3$

⇨ $2a^3=2\times$ ☐ $\times$ ☐ $\times$ ☐

⇨ 곱해진 문자의 개수: ☐

⇨ 차수: ☐

20. $-x$ (　　　　)

21. y^2 (　　　　)

22. $-\frac{b^2}{3}$ (　　　　)

23. $0.1x$ (　　　　)

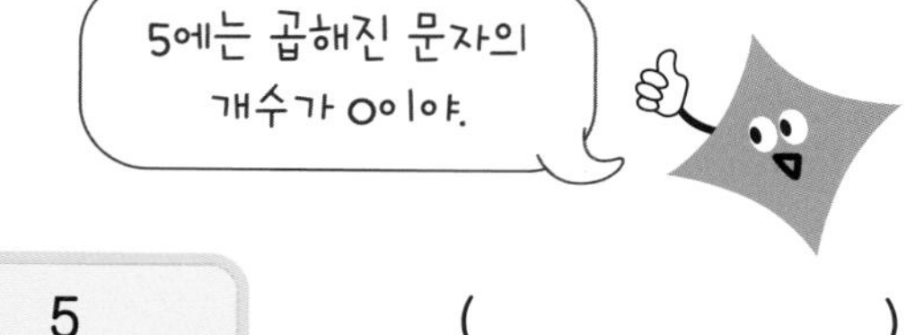

24. 5 (　　　　)

○ **다항식의 차수를 구해 보세요.**

25 $2x^2-3x$

⇨ $2x^2$의 차수: ☐, $-3x$의 차수: ☐

⇨ 다항식 $2x^2-3x$의 차수: ☐

26 $7x+2$ (　　　)

27 $-5x^2+x+4$ (　　　)

28 $\frac{3}{2}x^2-6x+1$ (　　　)

29 $\frac{-x+5}{8}$ (　　　)

○ **일차식인 것에 ○표, 일차식이 아닌 것에 ×표 하세요.**

30 $3x+4$ (　　　)

31 a^2+1 (　　　)

32 $\frac{y}{2}$ (　　　)

33 $-\frac{1}{x}$ (　　　)

34 $1-0.1b$ (　　　)

35 7 (　　　)

단항식과 수의 곱셈, 나눗셈

- **(단항식)×(수)**
  수끼리 곱하여 문자 앞에 씁니다.

$2x \times 3$
$= 2 \times x \times 3$ → 생략된 곱셈 기호 넣기
$= 2 \times 3 \times x$ → 수끼리 모아서 문자 앞으로
$= 6x$

- **(단항식)÷(수)**
  나누는 수의 역수를 곱합니다.

$6x \div 3$
$= 6 \times x \times \frac{1}{3}$ → 나누는 수의 역수 곱하기
$= 6 \times \frac{1}{3} \times x$ → 수끼리 모아서 문자 앞으로
$= 2x$

○ 계산해 보세요.

36 $3x \times 5 = 3 \times \square \times 5$
$= 3 \times \square \times x$
$= \square x$

37 $2 \times 4x =$

38 $2a \times (-5) =$

39 $(-1) \times (-7y) =$

40 $8x \div 2 = 8 \times x \times \square$
$= 8 \times \square \times x$
$= \square x$

41 $12y \div 3 =$

42 $(-2x) \div 5 =$

43 $(-10a) \div (-2) =$

44 $\frac{3}{2}x\times4=$

45 $\frac{1}{4}a\times(-8)=$

46 $(-6b)\times\frac{2}{3}=$

47 $\frac{1}{3}\times(-9x)=$

48 $(-7)\times\frac{2}{21}y=$

49 $\left(-\frac{x}{8}\right)\times(-24)=$

50 $3x\div\frac{1}{2}=$

51 $5x\div\left(-\frac{3}{5}\right)=$

52 $\frac{35}{12}a\div(-7)=$

53 $\left(-\frac{4}{7}y\right)\div2=$

54 $(-12x)\div\left(-\frac{2}{3}\right)=$

55 $\frac{9}{4}b\div\left(-\frac{3}{16}\right)=$

공부한 날짜 월 일

일차식과 수의 곱셈

- **(수)×(일차식), (일차식)×(수)**

일차식과 수를 곱할 때는 분배법칙을 이용하여 일차식의 각 항에 수를 곱합니다.

$$3(2x+4)=3\times 2x+3\times 4=6x+12$$

$$(3x+1)\times(-5)=3x\times(-5)+1\times(-5)=-15x-5$$

주의 곱하는 수가 음수일 때는 부호에 주의합니다.

계산해 보세요.

1. $2(5x+4)=\square\times 5x+\square\times 4$
   $=\square x+\square$

2. $4(x+2)=$

3. $7(2a-1)=$

4. $3(-3x-2)=$

5. $(3x+7)\times 4=3x\times\square+7\times\square$
   $=\square x+\square$

6. $(6y+2)\times 2=$

7. $(-4x+3)\times 5=$

8. $(2x-9)\times 3=$

9 $-3(4a+1)=$

10 $-(2x+5)=$

-(2x+5)는 (-1)×(2x+5)와 같아.

11 $-6(-x+3)=$

12 $-4(3y-2)=$

13 $-(-2x-1)=$

14 $-2(-7x-4)=$

15 $(x+4)\times(-1)=$

16 $(3b+2)\times(-8)=$

17 $(-x+1)\times(-2)=$

18 $(-5x+3)\times(-4)=$

19 $(9a-2)\times(-3)=$

20 $(-11x-6)\times(-5)=$

○ 계산해 보세요.

㉑ $3\left(\frac{1}{4}x+1\right)=$

㉒ $-\frac{1}{2}(8x+6)=$

㉓ $\frac{4}{5}(-10y-15)=$

㉔ $12\left(\frac{3}{4}x-\frac{1}{6}\right)=$

㉕ $-\frac{3}{7}\left(-14a-\frac{2}{3}\right)=$

㉖ $\left(x+\frac{1}{2}\right)\times(-5)=$

㉗ $\left(\frac{7}{2}b-5\right)\times 4=$

㉘ $(-6x-3)\times\frac{1}{3}=$

㉙ $\left(\frac{4}{3}x-8\right)\times\frac{5}{4}=$

㉚ $\left(\frac{3}{5}y-\frac{3}{2}\right)\times(-10)=$

일차식과 수의 나눗셈

- **(일차식)÷(수)**
  일차식을 수로 나눌 때는 나누는 수를 역수의 곱셈으로 고친 후, 분배법칙을 이용하여 일차식의 각 항에 수를 곱합니다.

$$(4x+6)\div 2=(4x+6)\times\frac{1}{2}=4x\times\frac{1}{2}+6\times\frac{1}{2}=2x+3$$

계산해 보세요.

31 $(6x+9)\div 3=(6x+9)\times\square$

$=6x\times\square+9\times\square$

$=\square x+\square$

32 $(12b+15)\div 3=$

33 $(-4x+10)\div 2=$

34 $(-3x+5)\div 6=$

35 $(2y-8)\div 6=$

36 $(-x-1)\div 5=$

37 $(-45a-27)\div 15=$

38 $(10-36x)\div 6=$

○ **계산해 보세요.**

39 $(6x+4)\div(-2)=$

40 $(x+2)\div(-5)=$

41 $(16x+2)\div(-4)=$

42 $(-x+2)\div(-10)=$

43 $(-2x+8)\div(-2)=$

44 $(-21x+35)\div(-7)=$

45 $(x-12)\div(-4)=$

46 $(15x-6)\div(-3)=$

47 $(33-22x)\div(-11)=$

48 $(-3x-4)\div(-6)=$

49 $(-12x-4)\div(-8)=$

50 $(-7-2x)\div(-3)=$

51 $\left(\frac{1}{2}x+6\right)\div 3=$

52 $\left(-4x+\frac{7}{5}\right)\div 14=$

53 $(3x+12)\div \frac{1}{6}=$

54 $(5x-20)\div \frac{5}{3}=$

55 $\left(\frac{4}{3}x+\frac{6}{5}\right)\div 12=$

56 $\left(-12x-\frac{4}{7}\right)\div \frac{2}{7}=$

57 $\left(-8x+\frac{9}{2}\right)\div(-4)=$

58 $(-x+2)\div\left(-\frac{1}{2}\right)=$

59 $(6-3x)\div\left(-\frac{3}{5}\right)=$

60 $\left(\frac{3}{2}x-\frac{2}{3}\right)\div(-6)=$

61 $\left(4x-\frac{9}{2}\right)\div\left(-\frac{9}{4}\right)=$

62 $\left(-2+\frac{7}{4}x\right)\div\left(-\frac{1}{8}\right)=$

동류항

- **동류항** : 문자가 같고 차수도 같은 항

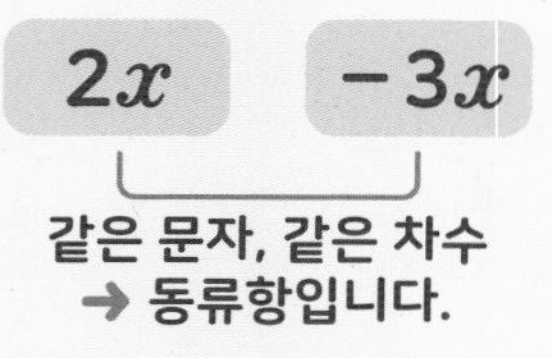

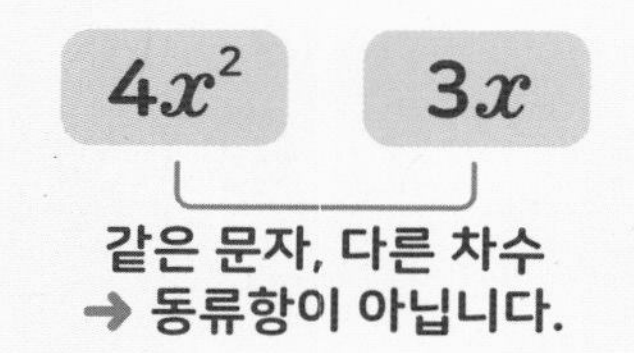

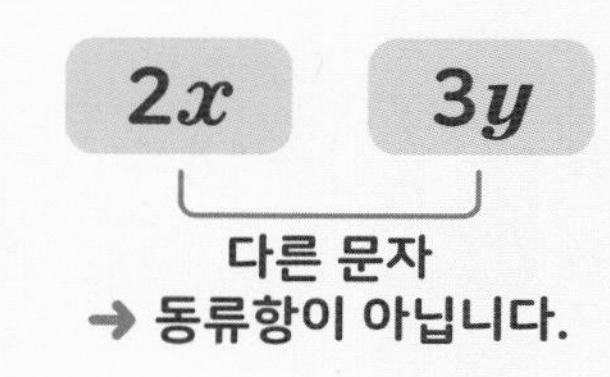

참고 상수항끼리는 모두 동류항입니다.

◎ □ 안에 알맞은 말을 써넣고, 동류항인지 동류항이 아닌지 판단해 보세요.

❶ $3a$와 a^3

⇨ □가 같고, □가 다르므로

(동류항입니다 , 동류항이 아닙니다).

❷ x^2과 $2x^2$

⇨ □가 같고, □가 같으므로

(동류항입니다 , 동류항이 아닙니다).

❸ $-x^2$과 $-y^2$

⇨ □가 다르고, □가 같으므로

(동류항입니다 , 동류항이 아닙니다).

◎ 두 항이 동류항인 것에 ○표, 동류항이 아닌 것에 ×표 하세요.

❹ $2a$와 $2b$ ( )

❺ y와 $10y$ ( )

❻ $-3x$와 $5x$ ( )

❼ $4a$와 $\frac{a}{3}$ ( )

8. $3b^2$과 $3b$ (　　　)

9. $9x^2$과 $9a^2$ (　　　)

10. $0.1y$와 $\frac{2}{5}y$ (　　　)

11. $-6x$와 $-\frac{1}{6}x^2$ (　　　)

12. 1과 2 (　　　)

13. 5와 -7 (　　　)

○ 다항식에서 동류항을 모두 찾아보세요.

14. $-2x+3+3x-1$

⇨ $-2x$와 ☐, 3과 ☐

15. $x-y+2x$

⇨ ______

16. $3a+2b-a+6b$

⇨ ______

17. $-x^2+6x+2x^2-3x$

⇨ ______

18. $\frac{1}{2}x-4+\frac{3}{4}x-3$

⇨ ______

동류항의 덧셈과 뺄셈

- **동류항의 덧셈과 뺄셈**
  동류항의 덧셈과 뺄셈을 할 때는 분배법칙을 이용하여 동류항의 계수끼리 더하거나 뺀 후 문자 앞에 씁니다.

분배법칙

$$4x+2x=(4+2)\times x$$
$$=6x$$

분배법칙

$$4x-2x=(4-2)\times x$$
$$=2x$$

계산해 보세요.

⑲ $2x+5x=(2+\square)x$
$=\square x$

⑳ $a+9a=$

㉑ $13x+4x=$

㉒ $-6x+3x=$

㉓ $4x-8x=(4-\square)x$
$=\square x$

㉔ $7x-x=$

㉕ $8y-15y=$

㉖ $-12x-9x=$

㉗ $2a+3a+4a=(2+\square+\square)a$

$=\square a$

㉝ $8x-3-2x=8x-\square x-\square$

$=(8-\square)x-\square$

$=\square x-\square$

동류항이 아닌 항이 섞여 있을 때는 동류항끼리만 모아서 계산해.

㉘ $5x+x+2x=$

㉙ $-3x+6x+9x=$

㉚ $y-7y+2y=$

㉛ $-2x+10x-4x=$

㉜ $4x-9x-11x=$

㉞ $3x+8x+1=$

㉟ $7a-2-5a=$

㊱ $4x+y-12x=$

㊲ $-6x-y+8x=$

㊳ $3-15y-6=$

○ 계산해 보세요.

39 $3x+2+4x+7$

$=3x+\square x+2+\square$

$=(3+\square)x+2+\square$

$=\square x+\square$

40 $a+5a+9-4=$

41 $-8y+1+7y+2=$

42 $2x-2-6x+3=$

43 $9-3b-5b+11=$

44 $4x+y+2x+3y=$

45 $-x+9y+3x-2y=$

46 $11a-2b-3a-4b=$

47 $3y-2x-5x+6y=$

48 $x-2x+4x-5=$

49 $-7a+3+5a-2a=$

50 $\frac{1}{2}y+\frac{5}{2}y=$

51 $\frac{2}{3}x-x=$

52 $-\frac{3}{4}a+2a-\frac{1}{2}a=$

53 $\frac{1}{6}x+\frac{3}{2}x+\frac{2}{3}x=$

54 $\frac{2}{5}x-1-\frac{1}{10}x=$

55 $-\frac{6}{7}b+\frac{1}{3}a+b=$

56 $3a+2-\frac{1}{2}a+1=$

57 $\frac{2}{5}x+4-\frac{7}{5}x-2=$

58 $-4x+\frac{1}{3}-6x-\frac{4}{3}=$

59 $\frac{1}{4}x+2y+\frac{4}{3}x-2y=$

60 $-x+2y+\frac{6}{5}x-\frac{11}{6}y=$

61 $-\frac{1}{3}a-\frac{4}{9}b+\frac{1}{6}b+\frac{4}{3}a=$

일차식의 덧셈과 뺄셈

| 공부한 날짜 월 일 |

- **일차식의 덧셈과 뺄셈**

① 괄호가 있으면 분배법칙을 이용하여 괄호를 풉니다.
② 동류항끼리 모아서 계산합니다.

$(x+1)+(4x-3)$ — 괄호 풀기
$=x+1+4x-3$ — 동류항끼리 모으기
$=x+4x+1-3$ — 계산하기
$=5x-2$

$(3x-2)-(x-6)$ — 빼는 식의 각 항의 부호를 바꾸어 괄호 풀기
$=3x-2-x+6$ — 동류항끼리 모으기
$=3x-x-2+6$ — 계산하기
$=2x+4$

참고 괄호 앞에 +가 있으면 괄호 안의 부호는 그대로,
괄호 앞에 −가 있으면 괄호 안의 부호는 반대로

계산해 보세요.

❶ $(x-2)+(3x+1)$
$=x-\square+\square x+1$
$=x+\square x-\square+1$
$=\square x-\square$

❷ $(2x+7)+9x=$

❸ $(x+2)+(6x+4)=$

❹ $(-3x+4)+(x+6)=$

❺ $(7x-1)+(2x-5)=$

❻ $(2-4x)+(5x-3)=$

❼ $\left(\frac{1}{4}x+4\right)+\left(\frac{5}{4}x-2\right)=$

8. $(6x+1)-(x-4)$

$=6x+1-\square+\square$

$=6x-\square+1+\square$

$=\square x+\square$

9. $3x-(4x+2)=$

10. $(3x+7)-(x+9)=$

11. $(x-3)-(5x+3)=$

12. $(9x+5)-(6x-4)=$

13. $(4x-3)-(4x+6)=$

14. $(-x+7)-(2x+1)=$

15. $(-5x+4)-(3x-6)=$

16. $(x-1)-(-6x+5)=$

17. $(x+7)-(-x-2)=$

18. $(2x-4)-(-7x+3)=$

19. $\left(\frac{2}{3}x+\frac{1}{2}\right)-\left(\frac{7}{3}x-\frac{3}{4}\right)=$

◎ 계산해 보세요.

⑳ $(x+2)+2(3x+2)$

$=x+2+\square x+\square$

$=x+\square x+2+\square$

$=\square x+\square$

㉑ $5(x+4)+4x=$

㉒ $-2x+2(6x-1)=$

㉓ $3(x-5)+(2x+9)=$

㉔ $(7x+3)+5(-x+1)=$

㉕ $-(5x+1)+(x-4)=$

㉖ $-4(2-2x)+(2x+6)=$

㉗ $2(x+8)+5(4x+1)=$

㉘ $-3(7x-4)+2(10x-3)=$

㉙ $5(-3x+1)+2(2+4x)=$

㉚ $6\left(\frac{5}{12}x+2\right)+4\left(\frac{3}{8}x-5\right)=$

31 $(x-6)-3(2x-3)$

$=x-6-\square x+\square$

$=x-\square x-6+\square$

$=\square x+\square$

32 $2x-3(x+5)=$

33 $(3x-3)-2(4x+2)=$

34 $7(x+2)-(6x+5)=$

35 $(-4x+1)-6(x+2)=$

36 $-(2x-3)-(3x+4)=$

37 $7(x+8)-4(x-1)=$

38 $3(5x-2)-2(3x+2)=$

39 $4(x+4)-3(-2x+5)=$

40 $-(8x+5)-4(x-3)=$

41 $-2(3x-7)-5(1-x)=$

42 $4\left(\frac{3}{2}x+\frac{1}{8}\right)-3\left(\frac{1}{3}x-\frac{7}{6}\right)=$

◎ 계산해 보세요.

43. $(3x+1)+\frac{1}{2}(4x+2)$

$=3x+1+\square x+\square$

$=3x+\square x+1+\square$

$=\square x+\square$

44. $\frac{1}{3}(6x+9)+x=$

45. $7x+\frac{4}{5}(10x-5)=$

46. $\frac{1}{6}(12x+6)+(4x+1)=$

47. $(2x-8)+\frac{4}{3}(2x+9)=$

48. $-\frac{1}{2}(10x-8)+(x+7)=$

49. $\frac{1}{4}(8x+4)+\frac{1}{3}(3x+9)=$

50. $\frac{2}{7}(14x-21)+\frac{3}{2}(6x+12)=$

51. $-\frac{1}{4}(5x-4)+\frac{1}{3}(-x-1)=$

52. $-(2x+4)+\frac{3}{8}(24-4x)=$

53 $(5x+4)-\frac{1}{3}(9x+6)$

$=5x+4-\square x-\square$

$=5x-\square x+4-\square$

$=\square x+\square$

54 $7x-\frac{1}{2}(8x+10)=$

55 $-3-\frac{7}{6}(3x+6)=$

56 $\frac{1}{4}(4x+12)-(2x+5)=$

57 $(12x+7)-\frac{4}{5}(15x-20)=$

58 $\frac{1}{3}(3x+12)-\frac{1}{2}(8x+2)=$

59 $\frac{1}{5}(-2x-1)-\frac{3}{5}(4x+2)=$

60 $\frac{3}{2}(2x+3)-\frac{5}{4}(-4x+6)=$

61 $-\frac{1}{10}(5x+2)-\frac{1}{6}(9x-3)=$

62 $-\left(3-\frac{5}{3}x\right)-\frac{1}{6}(4x+12)=$

일차식과 그 계산 평가

공부한 날짜 월 일

○ 다항식의 항, 상수항, 주어진 문자의 계수를 각각 구해 보세요.

1 $a-1$

⇨ 항: ______

상수항: ______

a의 계수: ______

2 $2x-y+5$

⇨ 항: ______

상수항: ______

y의 계수: ______

3 $-\frac{x^2}{2}+4x-3$

⇨ 항: ______

상수항: ______

x^2의 계수: ______

○ 다음 식을 |보기|에서 모두 골라 기호를 써 보세요.

| 보기 |

ㄱ. x^2-x　　ㄴ. x

ㄷ. -5　　ㄹ. $-6y+1$

ㅁ. $\frac{-2a-7}{5}$　　ㅂ. $3x+x^2-4$

ㅅ. $\frac{1}{x+1}$　　ㅇ. $2-\frac{b}{3}$

4 단항식

⇨ (　　　　　)

5 차수가 2인 다항식

⇨ (　　　　　)

6 일차식

⇨ (　　　　　)

다항식에서 동류항을 모두 찾아보세요.

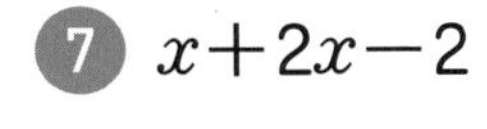

7. $x+2x-2$

⇨ ____________________

8. $5a-1-4a+6$

⇨ ____________________

9. $-0.5x^2+3x-10x^2+5x$

⇨ ____________________

10. $\frac{b}{4}+7-\frac{2}{3}b+1$

⇨ ____________________

계산해 보세요.

11. $6\times 2x=$

12. $(-15a)\div 3=$

13. $\frac{1}{4}x\times(-14)=$

14. $(-20b)\div\left(-\frac{5}{4}\right)=$

15. $\frac{15}{2}y\times\left(-\frac{8}{27}\right)=$

일차식과 그 계산 평가

계산해 보세요.

⑯ $3(4a-1)=$

⑰ $(8b+3)\div 2=$

⑱ $(-x+5)\times(-7)=$

⑲ $\left(\frac{6}{5}p-\frac{21}{2}\right)\div(-3)=$

⑳ $-\frac{5}{8}\left(-12x-\frac{4}{5}\right)=$

㉑ $-11x+8x=$

㉒ $2y-4y+9y=$

㉓ $-3x+2+5x+1=$

㉔ $7a-4-\frac{11}{3}a+2=$

㉕ $\frac{1}{6}x+5y-\frac{3}{4}x-3y=$

26 $(x+6)+(4x+3)=$

27 $(-7x+2)-(4x-1)=$

28 $(3x-2)-(-5x+4)=$

29 $\left(\frac{2}{3}x+8\right)+\left(\frac{4}{3}x-5\right)=$

30 $(6x+1)+2(-x+3)=$

31 $-2(8x-2)+4(3x-2)=$

32 $7(2x-1)-5(3x+3)=$

33 $-3(4x-2)-7(1-3x)=$

34 $-\frac{1}{4}(24x-8)+(2x+9)=$

35 $\frac{1}{6}(3x+4)-\frac{3}{2}(-x+8)=$

3 등식과 방정식

등식

- **등식**: 등호(=)를 사용하여 수량 사이의 관계를 나타낸 식 → 등호(=)가 있는 식

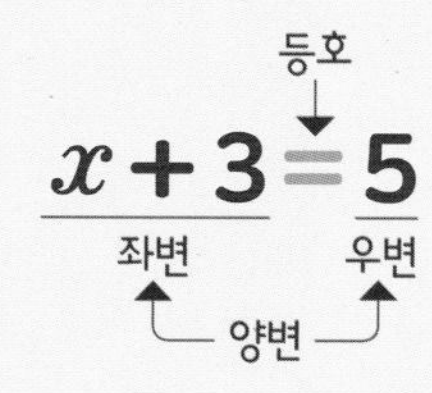

참고 좌변: 등식에서 등호의 왼쪽 부분
우변: 등식에서 등호의 오른쪽 부분
양변: 좌변과 우변을 통틀어 이르는 말

등식인 것에 ○표, 등식이 아닌 것에 ×표 하세요.

1 $x+1$ ( )

2 $4-1=2$ ( )

3 $-x+2=3$ ( )

4 $7<9$ ( )

5 $4\times6=24$ ( )

6 $x+5\geq7$ ( )

7 $-2(1-5x)+(x+3)$ ( )

8 $3x+2=3x+2$ ( )

문장을 등식으로 나타내어 보세요.

9 x의 3배에 2를 더한 수는 / 17입니다.

좌변		우변
	=	

⇨ 등식: ______________

'~은(는)', '~하였더니'에서 문장을 나누면
등식으로 나타내기 편리해.

10 한 봉지에 1500원인 과자 x봉지의 가격은 12000원입니다.

좌변		우변
	=	

⇨ 등식: ______________

11 망고 80개를 9명에게 x개씩 나누어 주었더니 8개가 남았습니다.

좌변		우변
	=	

⇨ 등식: ______________

12 가로의 길이가 x cm, 세로의 길이가 y cm인 직사각형의 둘레의 길이는 14 cm입니다.

좌변		우변
	=	

⇨ 등식: ______________

방정식과 그 해

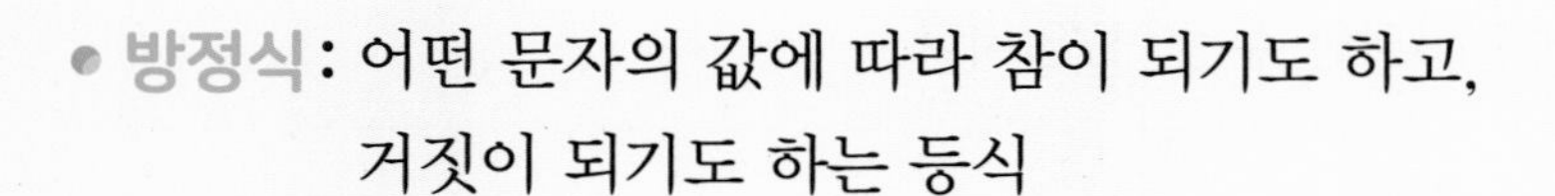

- **방정식**: 어떤 문자의 값에 따라 참이 되기도 하고, 거짓이 되기도 하는 등식

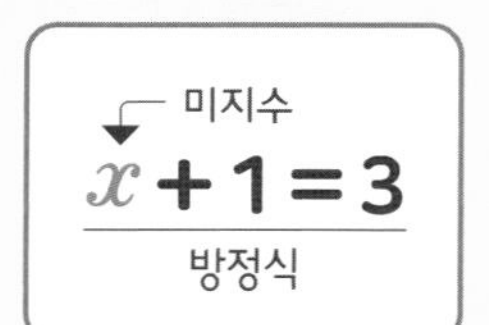

- **미지수**: 방정식에 있는 문자
- **방정식의 해(근)**: 방정식을 참이 되게 하는 미지수의 값

예 $x+1=3$ $\begin{cases} x=1\text{일 때, } 1+1\neq 3 \text{ (거짓)} \\ x=2\text{일 때, } 2+1=3 \text{ (참)} \end{cases}$

➜ 방정식의 해: $x=2$

방정식의 해를 구하는 것을 '방정식을 푼다'고 해.

◎ 방정식에 주어진 x의 값을 넣었을 때 방정식을 참이 되게 하면 ○표, 거짓이 되게 하면 ×표 하고, 방정식의 해를 구해 보세요.

13 $x-1=1$

$x=1$ (   )

$x=2$ (   )

$x=3$ (   )

⇨ 방정식의 해: $x=$ □

14 $-x+3=0$

$x=1$ (   )

$x=2$ (   )

$x=3$ (   )

⇨ 방정식의 해: ________

15 $2x+1=3$

$x=1$ (   )

$x=2$ (   )

$x=3$ (   )

⇨ 방정식의 해: ________

16 $7-5x=-3$

$x=1$ (   )

$x=2$ (   )

$x=3$ (   )

⇨ 방정식의 해: ________

17 $2x=-x+12$

$x=3$ (　　　)

$x=4$ (　　　)

$x=5$ (　　　)

⇨ 방정식의 해: ________

18 $x-2=2x-1$

$x=-2$ (　　　)

$x=-1$ (　　　)

$x=0$ (　　　)

⇨ 방정식의 해: ________

19 $-3x+2=2x+7$

$x=-1$ (　　　)

$x=0$ (　　　)

$x=1$ (　　　)

⇨ 방정식의 해: ________

◎ [ ] 안의 수가 방정식의 해인 것에 ○표, 방정식의 해가 아닌 것에 ×표 하세요.

20 $x-7=10$ [3] (　　　)

21 $3x+2=8$ [2] (　　　)

22 $1-7x=6$ [-1] (　　　)

23 $2(x+1)=x$ [-2] (　　　)

24 $5x+1=2x+7$ [2] (　　　)

25 $\frac{2+y}{5}-4=1$ [5] (　　　)

항등식

- **항등식 :** 미지수에 어떤 값을 대입해도 **항상 참이 되는 등식**

예 등식 $x+2x=3x$에서

x의 값	좌변	우변	참 / 거짓
−1	(−1)+2×(−1)=−3	3×(−1)=−3	참
0	0+2×0=0	3×0=0	참
1	1+2×1=3	3×1=3	참

→ x에 어떤 값을 대입해도 항상 참이므로 $x+2x=3x$는 x에 대한 항등식입니다.

참고 등식의 좌변과 우변을 각각 간단히 했을 때, (좌변)=(우변)이면 항등식입니다.

◎ 등식에 주어진 x의 값을 넣었을 때 등식을 참이 되게 하면 ○표, 거짓이 되게 하면 ×표 하세요.

26 $x+2=x+2$

$x=1$ (　　　)

$x=2$ (　　　)

$x=3$ (　　　)

27 $\frac{1}{2}x=\frac{1}{2}x$

$x=1$ (　　　)

$x=2$ (　　　)

$x=3$ (　　　)

28 $5+x=x+5$

$x=1$ (　　　)

$x=2$ (　　　)

$x=3$ (　　　)

29 $2x-3=-3+2x$

$x=1$ (　　　)

$x=2$ (　　　)

$x=3$ (　　　)

◎ 항등식인 것에 ○표, 항등식이 아닌 것에 ×표 하세요.

30 $5x-x=x+3x$ ( )

⇨ (좌변)$=5x-x=$ ☐

(우변)$=x+3x=$ ☐

31 $x=x$ ( )

32 $x+5=5$ ( )

33 $x+1=x+1$ ( )

34 $7x+2x=9x$ ( )

35 $4x-5x=x$ ( )

36 $1-x=x-1$ ( )

37 $3-2x=-2x+3$ ( )

38 $-6x+2=6x-2$ ( )

39 $2(x+5)=2x+10$ ( )

40 $3x-1=3(x-1)$ ( )

41 $x-8=2(x-8)$ ( )

| 공부한 날짜 월 일 |

10 등식의 성질 (1)

• **등식의 성질 (1)**: 등식의 양변에 같은 수를 더하여도 등식은 성립합니다.

$a=b$이면 $a+c=b+c$

예 $a=b$이면 $a+1=b+1$, $a+\frac{1}{3}=b+\frac{1}{3}$입니다.

• **$x-a=b$ 꼴의 방정식의 풀이**

$$x-2=1$$
$$x-2+2=1+2$$
$$x=3$$

양변에 2를 더하고

$x=$(수) 꼴로 나타내기

방정식은 등식의 성질을 이용하여 $x=$(수) 꼴로 고쳐서 해를 구해.

초등에서 배웠어요 **덧셈과 뺄셈의 관계**

□−2=1 → □=1+2

○ 등식이 성립하도록 □ 안에 알맞은 수를 써넣으세요.

1. $a=b$이면 $a+5=b+$□입니다.

2. $x=y$이면 $x+1.3=y+$□입니다.

3. $a=b$이면 $a+\frac{1}{2}=b+$□입니다.

4. $p=q$이면 $p+$□$=q+15$입니다.

5. $x=y$이면 $x+$□$=y+0.5$입니다.

6. $a=b$이면 $a+$□$=b+\frac{7}{5}$입니다.

○ □ 안에 알맞은 수를 써넣으세요.

7 $x-1=8$의 양변에 1을 더하면

$x=$ □ 입니다.

8 $x-12=3$의 양변에 □ 을(를) 더하면

$x=15$입니다.

9 $x-0.6=1$의 양변에 0.6을 더하면

$x=$ □ 입니다.

10 $x-3=1.9$의 양변에 □ 을(를) 더하면

$x=4.9$입니다.

11 $x-\frac{1}{3}=\frac{8}{3}$의 양변에 □ 을(를) 더하면

$x=$ □ 입니다.

○ 등식의 성질을 이용하여 방정식을 풀어 보세요.

12 $x-5=3$ ⇨ $x=($ $)$

$x=$(수) 꼴로 고쳐야 하니까 양변에 5를 더해 봐.

13 $x-20=-6$ ⇨ $x=($ $)$

14 $x-0.9=-0.2$

⇨ $x=($ $)$

15 $x-\frac{2}{3}=\frac{1}{2}$ ⇨ $x=($ $)$

16 $3=x-2.7$ ⇨ $x=($ $)$

(수)$=x$ 꼴로 만든 다음 좌변과 우변을 바꾸면 돼.

17 $(-2)+x=5$ ⇨ $x=($ $)$

등식의 성질 (2)

- **등식의 성질 (2)**: 등식의 양변에서 **같은 수를 빼어도** 등식은 성립합니다.

$$a=b\text{이면 } a-c=b-c$$

예 $a=b$이면 $a-1=b-1$, $a-\frac{1}{3}=b-\frac{1}{3}$입니다.

- **$x+a=b$ 꼴의 방정식의 풀이**

$$x+2=3$$
$$x+2-2=3-2$$
$$x=1$$

양변에서 2를 빼고

$x=$(수) 꼴로 나타내기

초등에서 배웠어요 **덧셈과 뺄셈의 관계**

□+2=3 ➜ □=3−2

○ 등식이 성립하도록 □ 안에 알맞은 수를 써넣으세요.

⑱ $a=b$이면 $a-3=b-$□입니다.

⑲ $x=y$이면 $x-0.8=y-$□입니다.

⑳ $a=b$이면 $a-\frac{3}{4}=b-$□입니다.

㉑ $p=q$이면 $p-$□$=q-22$입니다.

㉒ $a=b$이면 $a-$□$=b-2.6$입니다.

㉓ $x=y$이면 $x-$□$=y-\frac{1}{6}$입니다.

○ □ 안에 알맞은 수를 써넣으세요.

㉔ $x+3=5$의 양변에서 □ 을(를) 빼면 $x=2$입니다.

㉕ $x+21=-1$의 양변에서 21을 빼면 $x=$ □ 입니다.

㉖ $x+3.1=4.5$의 양변에서 3.1을 빼면 $x=$ □ 입니다.

㉗ $x+\frac{1}{3}=1$의 양변에서 □ 을(를) 빼면 $x=\frac{2}{3}$입니다.

㉘ $x+1=-\frac{1}{2}$의 양변에서 □ 을(를) 빼면 $x=$ □ 입니다.

○ 등식의 성질을 이용하여 방정식을 풀어 보세요.

㉙ $x+7=-1$ ⇨ $x=($ $)$

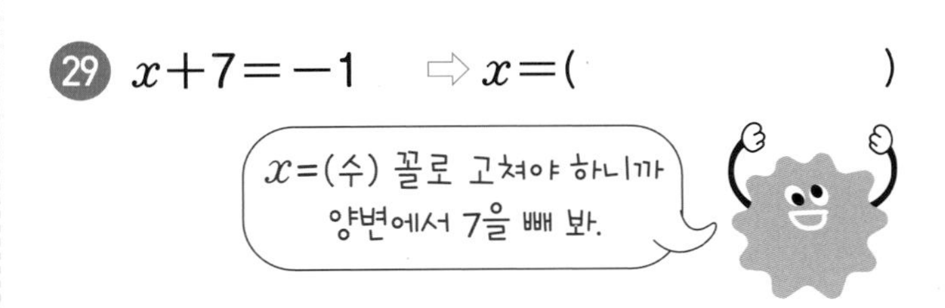

$x=$(수) 꼴로 고쳐야 하니까 양변에서 7을 빼 봐.

㉚ $x+11=23$ ⇨ $x=($ $)$

㉛ $x+2=2.5$ ⇨ $x=($ $)$

㉜ $x+\frac{3}{2}=5$ ⇨ $x=($ $)$

㉝ $1.2+x=2.4$ ⇨ $x=($ $)$

㉞ $\frac{9}{10}=x+\frac{7}{5}$ ⇨ $x=($ $)$

등식의 성질 (3)

- **등식의 성질 (3):** 등식의 양변에 같은 수를 곱하여도 등식은 성립합니다.

$a=b$이면 $ac=bc$

예 $a=b$이면 $2a=2b$, $\frac{3}{4}a=\frac{3}{4}b$입니다.

- **$\frac{x}{a}=b$ 꼴의 방정식의 풀이**

$$\frac{x}{2}=3$$
양변에 2를 곱하고
$$\frac{x}{2}\times2=3\times2$$
$x=$(수) 꼴로 나타내기
$$x=6$$

초등에서 배웠어요 곱셈과 나눗셈의 관계

□÷2=3 → □=3×2

○ 등식이 성립하도록 □ 안에 알맞은 수를 써넣으세요.

35 $a=b$이면 $a\times4=b\times$ □ 입니다.

36 $x=y$이면

$x\times(-3)=y\times($ □ $)$입니다.

37 $a=b$이면 $a\times\frac{1}{3}=b\times$ □ 입니다.

38 $x=y$이면 $x\times$ □ $=y\times10$입니다.

39 $p=q$이면

$p\times$ □ $=q\times3.2$입니다.

40 $x=y$이면 $x\times$ □ $=y\times\frac{7}{2}$입니다.

◎ □ 안에 알맞은 수를 써넣으세요.

41 $\frac{x}{3}=1$의 양변에 3을 곱하면

$x=$ □ 입니다.

42 $\frac{x}{8}=-2$의 양변에 □ 을(를) 곱하면

$x=-16$입니다.

43 $-\frac{x}{2}=7$의 양변에 □ 을(를) 곱하면

$x=-14$입니다.

44 $\frac{1}{5}x=3$의 양변에 5를 곱하면

$x=$ □ 입니다.

45 $\frac{3}{4}x=6$의 양변에 □ 을(를) 곱하면

$x=$ □ 입니다.

◎ 등식의 성질을 이용하여 방정식을 풀어 보세요.

46 $\frac{x}{6}=3$ ⇨ $x=$(　　　)

47 $\frac{x}{11}=-2$ ⇨ $x=$(　　　)

48 $-\frac{x}{4}=9$ ⇨ $x=$(　　　)

49 $\frac{1}{7}x=1$ ⇨ $x=$(　　　)

50 $-x=4$ ⇨ $x=$(　　　)

51 $\frac{5}{3}x=-5$ ⇨ $x=$(　　　)

11 등식의 성질 (4)

- **등식의 성질 (4):** 등식의 양변을 0이 아닌 같은 수로 나누어도 등식은 성립합니다.

$$a=b\text{이면 } \frac{a}{c}=\frac{b}{c} \text{ (단, } c\neq 0)$$

예 $a=b$이면 $\frac{a}{2}=\frac{b}{2}$, $a\div\frac{1}{3}=b\div\frac{1}{3}$입니다.

- **$ax=b$ 꼴의 방정식의 풀이**

$$2x=4$$
$$2x\div 2=4\div 2$$
$$x=2$$

양변을 2로 나누고

$x=$(수) 꼴로 나타내기

초등에서 배웠어요 곱셈과 나눗셈의 관계

□×2=4 → □=4÷2

○ 등식이 성립하도록 □ 안에 알맞은 수를 써넣으세요.

1. $x=y$이면 $\frac{x}{15}=\frac{y}{\square}$입니다.

2. $a=b$이면 $a\div 6=b\div\square$입니다.

3. $x=y$이면 $x\div\frac{1}{2}=y\div\square$입니다.

4. $a=b$이면 $a\div(\square)=b\div(-3)$입니다.

5. $p=q$이면 $p\div\square=q\div 0.7$입니다.

6. $x=y$이면 $x\div\square=y\div\frac{5}{8}$입니다.

◎ □ 안에 알맞은 수를 써넣으세요.

7 $3x=6$의 양변을 3으로 나누면

$x=$ □ 입니다.

8 $4x=7$의 양변을 □(으)로 나누면

$x=\frac{7}{4}$입니다.

9 $-2x=10$의 양변을 -2로 나누면

$x=$ □ 입니다.

10 $-6x=-6$의 양변을 □(으)로 나누면

$x=1$입니다.

11 $-14x=7$의 양변을 □(으)로 나누면

$x=$ □ 입니다.

◎ 등식의 성질을 이용하여 방정식을 풀어 보세요.

12 $2x=8$ ⇨ $x=$(　　　　)

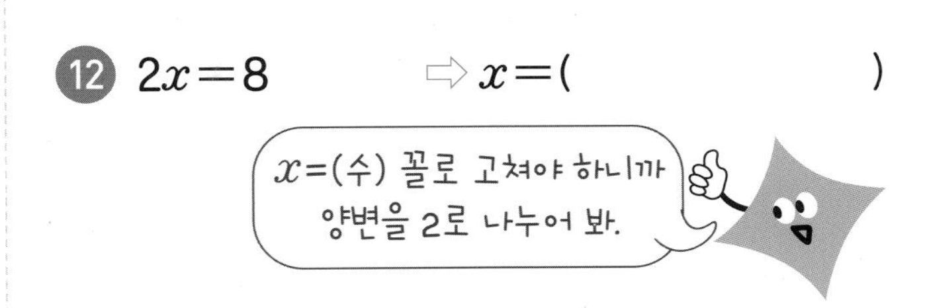

x=(수) 꼴로 고쳐야 하니까
양변을 2로 나누어 봐.

13 $9x=1$ ⇨ $x=$(　　　　)

14 $5x=-15$ ⇨ $x=$(　　　　)

15 $-3x=24$ ⇨ $x=$(　　　　)

16 $-4x=2$ ⇨ $x=$(　　　　)

17 $-21x=-7$ ⇨ $x=$(　　　　)

일차방정식

- **이항**: 등식의 성질을 이용하여 등식의 한 변에 있는 항을 **부호를 바꾸어 다른 변으로 옮기는 것**
  - 등식의 양변에 같은 수를 더하거나 빼도 등식은 성립합니다.

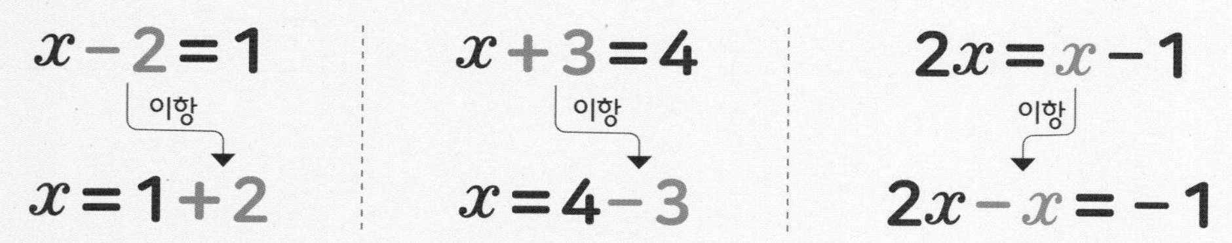

참고 +□를 이항하면 ➜ −□
−□를 이항하면 ➜ +□

- **일차방정식**: 등식의 모든 항을 좌변으로 이항하여 정리한 식이 **(x에 대한 일차식)=0** 꼴로 나타나는 방정식

예 $2x-3=1 \xrightarrow{\text{정리}} 2x-4=0$ ➜ 일차방정식입니다.
$3x+2=1+3x \xrightarrow{\text{정리}} 1=0$ ➜ 일차방정식이 아닙니다.

○ 밑줄 친 부분을 이항한 것입니다. ◯ 안에 부호 +, − 중 알맞은 것을 써넣고, □ 안에 알맞은 수나 식을 써넣으세요.

18 $x-4=3$
이항
$x=3$ ◯ □

19 $x+\frac{1}{7}=-2$
이항
$x=-2$ ◯ □

20 $3x=2x+1$
이항
$3x$ ◯ □ $=1$

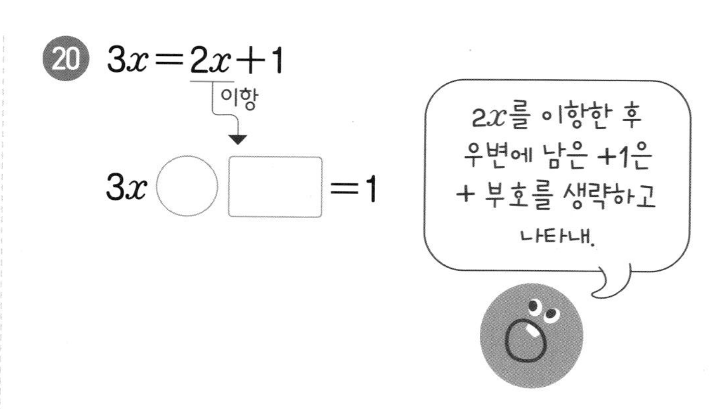

2x를 이항한 후
우변에 남은 +1은
+ 부호를 생략하고
나타내.

21 $4x-1=-3x+5$
이항
$4x$ ◯ □ $=5$ ◯ □

밑줄 친 부분을 이항해 보세요.

22 $x\underline{-6}=4$

⇨ $x=4+\square$

23 $x\underline{+1}=8$

⇨

24 $\underline{3}+x=-2$

⇨

25 $x\underline{-\frac{2}{3}}=3$

⇨

26 $x\underline{+1.2}=0.9$

⇨

27 $6x=\underline{-4x}+5$

⇨

28 $\frac{1}{3}x=3\underline{+\frac{2}{3}x}$

⇨

29 $x\underline{-2}=\underline{5x}-6$

⇨

30 $4x\underline{+7}=\underline{3x}+10$

⇨

31 $\underline{-9}-13x=\underline{-8x}+5$

⇨

◎ 방정식의 상수항은 우변으로, 일차항은 좌변으로 이항하여 $ax=b(a\neq0)$ 꼴로 나타내어 보세요.

32 $2x-8=3$

⇨ $2x=3+\square$ 에서

$2x=\square$

$ax=b$ 꼴

33 $2+3x=7$

⇨ ______

34 $-x-16=8$

⇨ ______

35 $0.1x-0.4=-0.6$

⇨ ______

36 $12-2x=6$

⇨ ______

37 $4x=6x+1$

⇨ $4x-\square=1$에서

$\square x=1$

$ax=b$ 꼴

38 $-2x=x+3$

⇨ ______

39 $3=-x+17$

⇨ ______

40 $10x+5=-4x-1$

⇨ ______

41 $3+3x=-x-5$

⇨ ______

◎ 일차방정식인 것에 ○표, 일차방정식이 아닌 것에 ×표 하세요.

42 $x-5$ ( )

43 $2x+5=3$ ( )

44 $3x-4<1$ ( )

45 $1+2x=1$ ( )

46 $5x=-5x+2$ ( )

47 $3x+1=3x+1$ ( )

48 $x^2-4x+4=0$ ( )

49 $x-1=1+x$ ( )

50 $3(x+2)=-x+3$ ( )

51 $-2x+8=2(4-x)$ ( )

52 $5x+2=-x-x^2$ ( )

53 $x^2-2x+4=3x+x^2$ ( )

등식과 방정식 평가

공부한 날짜 월 일

○ 등식이 성립하도록 □ 안에 알맞은 수를 써넣으세요.

1 $a=b$이면 $a+1=b+\square$입니다.

2 $p=q$이면 $p-\square=q-17$입니다.

3 $a=b$이면

$a\times(-5)=b\times(\square)$입니다.

4 $x=y$이면 $\dfrac{x}{\square}=\dfrac{y}{11}$입니다.

5 $p=q$이면 $p\div\square=q\div0.2$입니다.

○ 문장을 등식으로 나타내어 보세요.

6 x에 3을 더한 수는 12입니다.

⇨ 등식: ____________________

7 한 개에 300인 귤을 x개 사고 5000원을 내었을 때 거스름돈은 1700원입니다.

⇨ 등식: ____________________

8 한 변의 길이가 x cm인 정사각형의 둘레의 길이는 36 cm입니다.

⇨ 등식: ____________________

9 길이가 90 cm인 리본을 x cm씩 두 번 잘라 냈더니 44 cm 남았습니다.

⇨ 등식: ____________________

◯ [ ] 안의 수가 방정식의 해인 것에 ◯표, 방정식의 해가 아닌 것에 ×표 하세요.

⑩ $x+2=6$ [4] ( )

⑪ $-2x+6=8$ [1] ( )

⑫ $3x+4=x-2$ [-3] ( )

⑬ $9(x-2)=6x$ [3] ( )

⑭ $\frac{x}{2}-5=4$ [9] ( )

◯ 항등식인 것에 ◯표, 항등식이 아닌 것에 ×표 하세요.

⑮ $2x=3x$ ( )

⑯ $5x+2=2+5x$ ( )

⑰ $x-4x=-3x$ ( )

⑱ $4x+1=4x-1$ ( )

⑲ $\frac{1}{3}(x+6)=\frac{1}{3}x+2$ ( )

등식과 방정식 평가

◎ 등식의 성질을 이용하여 방정식을 풀어 보세요.

⑳ $x+14=10$

⇨ $x=($　　　　　　$)$

㉑ $x-2.7=-0.7$

⇨ $x=($　　　　　　$)$

㉒ $(-6)+x=1$

⇨ $x=($　　　　　　$)$

㉓ $\frac{x}{3}=2$

⇨ $x=($　　　　　　$)$

㉔ $-8x=6$

⇨ $x=($　　　　　　$)$

◎ 밑줄 친 부분을 이항해 보세요.

㉕ $x\underline{-3}=11$

⇨ ____________________

㉖ $\underline{8}+x=-4$

⇨ ____________________

㉗ $6x\underline{-1}=5$

⇨ ____________________

㉘ $4x=\underline{-10x}+14$

⇨ ____________________

㉙ $2x\underline{+4}=\underline{5x}-2$

⇨ ____________________

방정식의 상수항은 우변으로, 일차항은 좌변으로 이항하여 $ax=b(a\neq0)$ 꼴로 나타내어 보세요.

30 $x+3=6$

⇨ ______

31 $-x-2=4$

⇨ ______

32 $4x+10=2$

⇨ ______

33 $5=-2x+1$

⇨ ______

34 $-3x+5=7x-5$

⇨ ______

일차방정식인 것에 ◯표, 일차방정식이 아닌 것에 ×표 하세요.

35 $3x+2=8$ (   )

36 $x-7\geq3$ (   )

37 $1-4x=1+4x$ (   )

38 $5x+2+7x+6$ (   )

39 $2(x-5)=2x-10$ (   )

40 $x^2-5x=1+x^2$ (   )

4 일차방정식의 풀이

13 일차방정식의 풀이 (1)

| 공부한 날짜 월 일 |

일차방정식은 일차항은 좌변으로, 상수항은 우변으로 이항한 다음 양변을 x의 계수로 나누어 $x=$(수) 꼴로 나타내어 풉니다.

$$4x-3=2x+1$$
일차항은 좌변으로, 상수항은 우변으로 이항하기
$$4x-2x=1+3$$
동류항 정리하기
$$2x=4$$
양변을 x의 계수로 나누어 $x=$(수) 꼴로 나타내기
$$x=2$$

○ 일차방정식을 풀어 보세요.

① $3x-5=7$

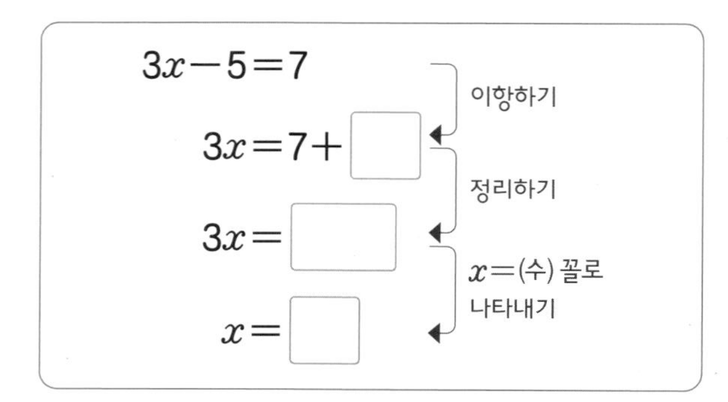

② $2x-1=5$ (　　　　)

③ $5x+4=9$ (　　　　)

④ $2x+3=3$ (　　　　)

⑤ $7x-8=6$ (　　　　)

⑥ $4x+7=3$ (　　　　)

⑦ $6x-4=1$ (　　　　)

8 $3x+2=-4$ (　　　　)

9 $4x-15=-3$ (　　　　)

10 $-x+7=1$ (　　　　)

11 $-2x+7=1$ (　　　　)

12 $-6x-16=2$ (　　　　)

13 $-3x+11=-1$ (　　　　)

14 $-2x+3=-6$ (　　　　)

15 $-5x-1=3$ (　　　　)

16 $5-x=1$ (　　　　)

17 $-12-x=9$ (　　　　)

18 $8+9x=-1$ (　　　　)

19 $1-3x=7$ (　　　　)

○ **일차방정식을 풀어 보세요.**

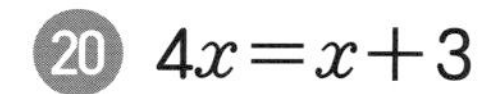

⑳ $4x=x+3$

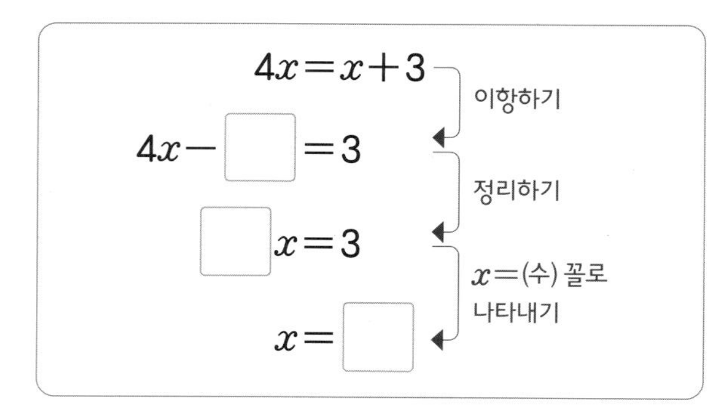

㉑ $10x=7x-6$ (　　　　)

㉒ $x=2x+3$ (　　　　)

㉓ $2x=5x-9$ (　　　　)

㉔ $x=-3x+20$ (　　　　)

㉕ $7x=-x+8$ (　　　　)

㉖ $3x=-2x-10$ (　　　　)

㉗ $2x=-2x+7$ (　　　　)

㉘ $-x=4x+15$ (　　　　)

㉙ $-5x=x-12$ (　　　　)

㉚ $-4x=3x+2$ (　　　　)

㉛ $-3x=-x+6$ (　　　　)

㉜ $-x=-9x+4$ (　　　　)

㉝ $x=24-5x$ (　　　　)

㉞ $2x=25-3x$ (　　　　)

㉟ $8x=14+6x$ (　　　　)

㊱ $3x=5+4x$ (　　　　)

㊲ $7x=1+3x$ (　　　　)

㊳ $-4x=3-x$ (　　　　)

㊴ $-2x=-6-8x$ (　　　　)

㊵ $-4x=5-11x$ (　　　　)

㊶ $-21x=50+4x$ (　　　　)

㊷ $-7x=-12+4x$ (　　　　)

● 일차방정식을 풀어 보세요.

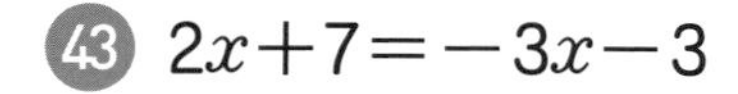

43 $2x+7=-3x-3$

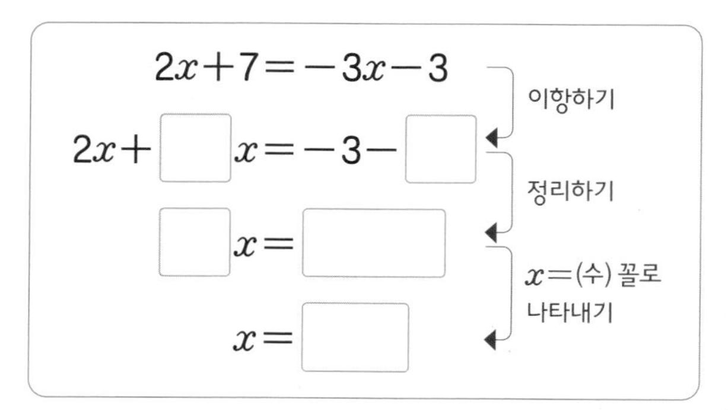

44 $x-4=3x$ (　　　　)

45 $3x-8=2x$ (　　　　)

46 $-2x+12=2x$ (　　　　)

47 $24+x=7x$ (　　　　)

48 $-7-6x=x$ (　　　　)

49 $21-4x=5x$ (　　　　)

50 $32-x=-9x$ (　　　　)

51 $x-1=2x+8$ (　　　　)

52 $2x+9=x+1$ (　　　　)

53 $2x+3=3x-3$ (　　　　)

54 $5x-2=-6x+9$ ( )

55 $3x+1=-2x-14$ ( )

56 $-x+7=x-15$ ( )

57 $-6x-2=3x+7$ ( )

58 $-5x-5=-4x+3$ ( )

59 $-2x-9=-6x+1$ ( )

60 $x+4=2-x$ ( )

61 $4x+8=2-2x$ ( )

62 $-x-10=2+3x$ ( )

63 $7-x=2-2x$ ( )

64 $1+7x=6-3x$ ( )

65 $-5+13x=13-8x$ ( )

14 일차방정식의 풀이 (2)

공부한 날짜 월 일

일차방정식에 괄호가 있으면 분배법칙을 이용하여 괄호를 먼저 풀어줍니다.

$$2(x+5)=4x+2$$
괄호 풀기
$$2x+10=4x+2$$
이항하기
$$2x-4x=2-10$$
동류항 정리하기
$$-2x=-8$$
양변을 x의 계수로 나누기
$$x=4$$

일차방정식을 풀어 보세요.

1. $3(x-1)=6$

$3(x-1)=6$
괄호 풀기
$3x-\square=6$

$3x=6+\square$

$3x=\square$

$x=\square$

2. $2(x+4)=6$ ( )

3. $4(x-3)=8$ ( )

4. $5(x-2)=10$ ( )

5. $4(2x+1)=-4$ ( )

6. $2(-x+6)=8$ ( )

7. $3(-2x+5)=-1$ ( )

8 $-(2x-1)=5$ (　　　　)

9 $-(5x+2)=-12$ (　　　　)

10 $-7(x+1)=14$ (　　　　)

11 $-3(4x-3)=-1$ (　　　　)

12 $2(10-x)=-4$ (　　　　)

13 $-5(3+2x)=15$ (　　　　)

14 $5(x-3)+9=4$ (　　　　)

15 $1-2(4x+3)=-13$ (　　　　)

16 $3(x-1)+x=9$ (　　　　)

17 $-4(1+2x)+x=10$ (　　　　)

18 $2x-(x+7)=3$ (　　　　)

19 $-5x-4(1-x)=3$ (　　　　)

○ 일차방정식을 풀어 보세요.

⑳ $2x+1=4(x-3)$

$2x+1=4(x-3)$
$2x+1=4x-\square$ ← 괄호 풀기
$2x-4x=\square-1$
$-2x=\square$
$x=\square$

㉑ $3(x-2)=4x$ (　　　　)

㉒ $2(3x+4)=-2x$ (　　　　)

㉓ $-(5x+16)=3x$ (　　　　)

㉔ $-7(3-x)=14x$ (　　　　)

㉕ $x+4=-(x+6)$ (　　　　)

㉖ $-(x+5)=3x-13$ (　　　　)

㉗ $x-5=3(x+1)$ (　　　　)

㉘ $6(x-4)=3x-9$ (　　　　)

㉙ $3x+15=2(4x+5)$ (　　　　)

㉚ $-(2x+7)=-3x+4$ (　　　　)

31 $4x-2=-3(x-4)$ ( )

32 $-3(5x+7)=-9x+3$ ( )

33 $-7x+2=-4(3x+7)$ ( )

34 $2(7-x)=-x+3$ ( )

35 $4-7x=-(8+3x)$ ( )

36 $5-3x=-4(3+x)$ ( )

37 $-(x+3)+7=x$ ( )

38 $1-2(x+5)=4x$ ( )

39 $3x=2(x+5)-9$ ( )

40 $-4x=2(3x-1)-4$ ( )

41 $11-3(5x-2)=-9x+8$ ( )

42 $6x-4(2x+7)=-5x+8$ ( )

○ 일차방정식을 풀어 보세요.

43 $3(x-2)=2(2x-5)$

$3(x-2)=2(2x-5)$ 괄호 풀기

$\square x-6=4x-\square$

$\square x-4x=\square+6$

$-x=\square$

$x=\square$

44 $2(x+2)=-(x+8)$

( )

45 $3(x+3)=2(x+1)$

( )

46 $2(x+1)=6(x-4)$

( )

47 $7(x-3)=5(x+3)$

( )

48 $3(x+1)=2(4x-1)$

( )

49 $-(5x-10)=4(x-2)$

( )

50 $5(2x-1)=-(x+4)$

( )

51 $6(3x+5)=4(4x-1)$

( )

52 $-3(x-5)=4(x+5)$

( )

53 $7(x+1)=-8(x+1)$

( )

54 $-2(2x-3)=6(x+6)$
(　　　　)

55 $6(x-3)=-3(-3x+4)$
(　　　　)

56 $4(x+7)=5(2-x)$
(　　　　)

57 $-2(x+3)=4(1-x)$
(　　　　)

58 $2(2x-6)=3(1+3x)$
(　　　　)

59 $5(-x+2)=4(3-2x)$
(　　　　)

60 $6(5x-4)-7(x+4)=-6$
(　　　　)

61 $2(x-4)=5(x-1)+9$
(　　　　)

62 $3(x-5)+17=2(x+1)$
(　　　　)

63 $-10+5(x-4)=2(x+30)$
(　　　　)

64 $2(3x-1)=1-(-4+x)$
(　　　　)

65 $12-3(5-x)=4(2x-1)$
(　　　　)

15 계수가 소수인 일차방정식의 풀이

공부한 날짜 월 일

일차방정식의 계수에 소수가 있으면 양변에 10, 100, 1000, … 중 적당한 수를 곱하여 계수를 정수로 고칩니다.

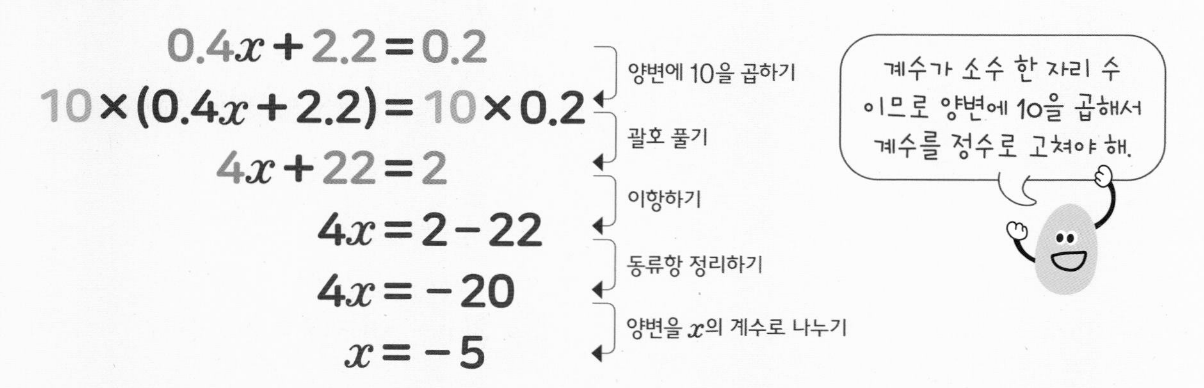

$0.4x+2.2=0.2$
양변에 10을 곱하기
$10\times(0.4x+2.2)=10\times0.2$
괄호 풀기
$4x+22=2$
이항하기
$4x=2-22$
동류항 정리하기
$4x=-20$
양변을 x의 계수로 나누기
$x=-5$
계수가 소수 한 자리 수이므로 양변에 10을 곱해서 계수를 정수로 고쳐야 해.

참고 • 계수가 소수 한 자리 수 → 양변에 10을 곱하기
• 계수가 소수 두 자리 수 → 양변에 100을 곱하기
• 계수가 소수 세 자리 수 → 양변에 1000을 곱하기

○ 일차방정식을 풀어 보세요.

1. $0.3x+0.2=0.5$

$0.3x+0.2=0.5$ (양변에 10을 곱하기)
$3x+\square=5$
$3x=5-\square$
$3x=\square$
$x=\square$

2. $0.1x+0.8=0.4$ (　　　　)

3. $0.6x+0.4=1$ (　　　　)

4. $0.2x-1=1.4$ (　　　　)

5. $2.5x-1.1=-3.6$ (　　　　)

⑥ $-0.7x+2.3=-0.5$

( )

⑦ $-1.8x+6.6=-2.4$

( )

⑧ $1-0.2x=0.6$

( )

⑨ $7.5+0.9x=2.1$

( )

⑩ $x=0.6x+1.6$

( )

⑪ $0.9x=-0.6x+1.5$

( )

⑫ $-2.4x=1.8x+4.2$

( )

⑬ $1.6x=4+1.2x$

( )

⑭ $0.7=0.2x-1$

( )

⑮ $-3.2=6.4+2.4x$

( )

⑯ $0.1x-2.6=0.3x$

( )

⑰ $4-0.1x=-0.9x$

( )

○ 일차방정식을 풀어 보세요.

⑱ $0.1x+1=0.2x+0.7$

( )

⑲ $0.3x+0.5=0.1x+1.1$

( )

⑳ $1.2x-2.4=1.8x-5.4$

( )

㉑ $0.6x+0.4=-0.3x+1.3$

( )

㉒ $1.5x+0.5=-x+2.5$

( )

㉓ $-0.1x+0.6=0.7x-0.2$

( )

㉔ $-0.4x+1=-0.2x+1.7$

( )

㉕ $-1.4x-0.1=-0.3x+2.1$

( )

㉖ $0.1x+1.2=0.2-0.1x$

( )

㉗ $1-0.4x=0.2x-0.2$

( )

㉘ $-0.6x+1.4=-0.8+0.5x$

( )

㉙ $-3.2+1.2x=0.4+0.8x$

( )

㉚ $0.05x+0.12=0.07$

( )

계수가 소수 두 자리 수인 경우에는 양변에 100을 곱해.

㉛ $0.12x=0.19+0.11x$

( )

㉜ $0.02x+0.01=0.01x+0.04$

( )

㉝ $0.04x-0.25=0.01x+0.02$

( )

㉞ $0.12x-0.04=0.09x-0.01$

( )

㉟ $-0.06x+0.09=-0.21x-0.36$

( )

㊱ $0.1x+0.16=0.06$

( )

㊲ $0.05=-0.07x+0.4$

( )

㊳ $0.2x-0.25=0.25x+0.25$

( )

㊴ $0.18x+0.06=0.2x-0.1$

( )

㊵ $0.32x-0.2=0.12+0.4x$

( )

㊶ $0.1x+0.35=-0.05x-1$

( )

◎ 일차방정식을 풀어 보세요.

42 $0.3(x-7)=0.6$

$0.3(x-7)=0.6$

$10\times 0.3(x-7)=\square\times 0.6$ ← 양변에 10을 곱하기

$3(x-7)=\square$

$3x-21=\square$

$3x=\square+21$

$3x=\square$

$x=\square$

43 $0.1(x+2)=0.3$ (　　　)

44 $0.2(x+3)=-0.7$ (　　　)

45 $-0.4(11-2x)=2.8$ (　　　)

46 $0.8(x-3)=0.2x$ (　　　)

47 $2=0.4(x-5)$ (　　　)

48 $x=0.5(3x+1)$ (　　　)

49 $0.1(x+3)=x+3$ (　　　)

50 $0.3(x-2)=0.1x-0.9$ (　　　)

51 $2x+0.5=1.1(x-2)$ (　　　)

52 $-0.3(x-3)=0.1x+0.5$

( )

53 $-4.6x+7.6=-4.5(x-2)$

( )

54 $0.1x-0.6=-0.3(4-x)$

( )

55 $0.5x-0.7(-2+x)=-0.2$

( )

56 $0.3(x+2)+0.4=3.1$

( )

57 $-1.2(x+1)-1=1.4$

( )

58 $0.2(x+5)=-0.1(x+14)$

( )

59 $-0.7(3-x)=0.2(12-x)$

( )

60 $-(x-4)=-0.6(x-6)$

( )

61 $0.5(x-2)=0.16(3x-9)$

( )

62 $0.13(x-1)+0.2=0.04(2x+8)$

( )

63 $-0.1+0.02(15+x)=-0.01(x+10)$

( )

16 계수가 분수인 일차방정식의 풀이

일차방정식의 계수에 분수가 있으면 **양변에 분모의 최소공배수를 곱하여** 계수를 정수로 고칩니다.

$$\frac{1}{2}x+1=\frac{2}{3}x$$

양변에 6을 곱하기

$$6\times\left(\frac{1}{2}x+1\right)=6\times\frac{2}{3}x$$

괄호 풀기

$$3x+6=4x$$

이항하기

$$3x-4x=-6$$

동류항 정리하기

$$-x=-6$$

양변을 x의 계수로 나누기

$$x=6$$

분모인 2와 3의
최소공배수를
양변에 곱해.

일차방정식을 풀어 보세요.

❶ $\frac{3}{4}x-\frac{3}{2}=\frac{9}{4}$

$\frac{3}{4}x-\frac{3}{2}=\frac{9}{4}$

양변에 4를 곱하기

$3x-\square=9$

$3x=9+\square$

$3x=\square$

$x=\square$

❷ $\frac{5}{3}x+\frac{1}{3}=\frac{11}{3}$ (　　　　　)

❸ $\frac{4}{5}-\frac{1}{5}x=-\frac{2}{5}x$ (　　　　　)

❹ $2=\frac{1}{2}x+\frac{3}{2}$ (　　　　　)

❺ $-\frac{5}{6}x=2-\frac{11}{6}x$ (　　　　　)

6 $\frac{1}{3}x-\frac{1}{4}=\frac{1}{3}$ ( )

7 $\frac{1}{5}x+\frac{1}{3}=-\frac{2}{3}$ ( )

8 $\frac{2}{3}x+\frac{11}{6}=\frac{1}{2}$ ( )

9 $\frac{3}{4}x-\frac{1}{8}=1$ ( )

10 $-\frac{1}{9}x+\frac{1}{2}=\frac{1}{18}$ ( )

11 $-\frac{3}{14}=\frac{1}{7}x-\frac{1}{2}$ ( )

12 $1-\frac{1}{6}x=\frac{1}{3}$ ( )

13 $\frac{5}{3}x=\frac{7}{9}x-2$ ( )

14 $-\frac{1}{5}x=\frac{4}{5}-\frac{3}{10}x$ ( )

15 $\frac{1}{6}x+2=-\frac{2}{5}x$ ( )

○ 일차방정식을 풀어 보세요.

⑯ $\frac{2}{3}x+\frac{5}{3}=\frac{1}{3}x-\frac{4}{3}$

( )

⑰ $\frac{7}{4}x+\frac{1}{4}=\frac{5}{4}x-\frac{3}{4}$

( )

⑱ $-\frac{1}{7}x+\frac{3}{7}=\frac{1}{7}x-1$

( )

⑲ $-1+\frac{1}{2}x=\frac{1}{2}-\frac{3}{2}x$

( )

⑳ $-\frac{1}{5}x-2=\frac{6}{5}+\frac{3}{5}x$

( )

㉑ $x-2=\frac{2}{7}x+3$

( )

㉒ $\frac{1}{6}x+\frac{2}{3}=\frac{1}{3}x+\frac{5}{6}$

( )

㉓ $\frac{2}{5}x-\frac{4}{3}=\frac{1}{5}x+\frac{2}{3}$

( )

㉔ $\frac{1}{4}x+\frac{1}{8}=\frac{1}{8}x-\frac{1}{4}$

( )

㉕ $-\frac{5}{2}x+\frac{1}{4}=-\frac{3}{2}x+\frac{9}{2}$

( )

㉖ $\frac{1}{2}x+\frac{2}{3}=\frac{1}{3}x-1$

( )

㉗ $\frac{1}{3}x-9=-\frac{1}{4}x+5$

( )

㉘ $\frac{1}{5}x+\frac{3}{2}=\frac{1}{2}-\frac{1}{5}x$

( )

㉙ $-\frac{5}{18}-\frac{1}{18}x=\frac{1}{9}x+\frac{1}{18}$

( )

㉚ $1+\frac{1}{9}x=\frac{1}{3}x-\frac{5}{9}$

( )

㉛ $-\frac{7}{4}x+2=\frac{3}{4}-\frac{1}{2}x$

( )

㉜ $\frac{1}{7}x+\frac{5}{14}=\frac{1}{2}x-\frac{5}{7}$

( )

㉝ $\frac{1}{3}x+\frac{7}{12}=\frac{1}{6}x+\frac{1}{4}$

( )

㉞ $\frac{1}{2}x-\frac{2}{3}=\frac{1}{6}x-2$

( )

㉟ $1-\frac{5}{4}x=\frac{1}{3}-\frac{3}{2}x$

( )

● 일차방정식을 풀어 보세요.

36 $\frac{1}{3}(x-7)=x+1$

$\frac{1}{3}(x-7)=x+1$

$3\times\frac{1}{3}(x-7)=\square\times(x+1)$ ← 양변에 3을 곱하기

$x-7=\square x+\square$

$x-\square x=\square+7$

$\square x=\square$

$x=\square$

37 $\frac{1}{5}(x+4)=1$

(　　　　　)

38 $-\frac{1}{2}(x+1)=7$

(　　　　　)

39 $\frac{2}{3}x-\frac{1}{3}(x+4)=2$

(　　　　　)

40 $\frac{1}{4}(x-6)=\frac{1}{3}x$

(　　　　　)

41 $x+4=\frac{4}{3}(x+2)$

(　　　　　)

42 $\frac{1}{2}(x-4)=\frac{1}{4}x-1$

(　　　　　)

43 $\frac{1}{3}(2x+1)=\frac{1}{5}(2x-1)$

(　　　　　)

44 $\frac{1}{11}(x+2)=\frac{1}{2}(x-3)+1$

(　　　　　)

45 $\frac{4x-9}{2}=\frac{3x+2}{4}$

$\frac{4x-9}{2}=\frac{3x+2}{4}$

양변에 4를 곱하기

$4\times\frac{4x-9}{2}=4\times\frac{3x+2}{4}$

$\square(4x-9)=3x+2$

$\square x-\square=3x+2$

$\square x-3x=2+\square$

$\square x=\square$

$x=\square$

46 $\frac{x}{6}=\frac{3x-15}{3}$

(　　　　　)

47 $\frac{3x+1}{5}=\frac{x-8}{10}$

(　　　　　)

48 $\frac{x+3}{2}=\frac{-3x-2}{8}$

(　　　　　)

49 $\frac{-x+2}{7}=\frac{x+7}{3}$

(　　　　　)

50 $\frac{x+15}{6}=\frac{5-x}{4}$

(　　　　　)

51 $-\frac{10-x}{5}=\frac{x-1}{2}$

(　　　　　)

52 $\frac{x-1}{3}-1=\frac{x+3}{4}$

(　　　　　)

53 $1+\frac{2x-3}{2}=-\frac{x-10}{4}$

(　　　　　)

17 일차방정식의 풀이 평가

공부한 날짜 월 일

○ 일차방정식을 풀어 보세요.

❶ $4x-3=9$ ( )

❷ $7x-4=-11$ ( )

❸ $3-x=8$ ( )

❹ $8x=3x+10$ ( )

❺ $-4x=-6x+3$ ( )

❻ $9x=-20+4x$ ( )

❼ $5x-6=-x$ ( )

❽ $2x+5=x-1$ ( )

❾ $-6x-1=3x+8$ ( )

❿ $6-11x=7-8x$ ( )

⑪ $4(x-2)=16$

(　　　　　　)

⑫ $-5(1-x)=3$

(　　　　　　)

⑬ $x-2(x-2)=4$

(　　　　　　)

⑭ $11(x+2)=13x$

(　　　　　　)

⑮ $2(x+4)=5x+4$

(　　　　　　)

⑯ $7x+5=3(2x-2)$

(　　　　　　)

⑰ $-(x-13)=-5x+23$

(　　　　　　)

⑱ $3(1-x)=-x+4$

(　　　　　　)

⑲ $5(x+7)=3(x+11)$

(　　　　　　)

⑳ $2(4x-3)=3-(-1+3x)$

(　　　　　　)

일차방정식의 풀이 평가

○ 일차방정식을 풀어 보세요.

㉑ $0.4x+0.2=-1$

( )

㉒ $-0.2x+1.4=0.8$

( )

㉓ $12-1.6x=-0.4x$

( )

㉔ $0.4x+1.7=-0.1x+1.2$

( )

㉕ $-2.3x+0.9=-1.5-2x$

( )

㉖ $-0.02=-0.08x+0.3$

( )

㉗ $0.17x-0.4=-0.01+0.3x$

( )

㉘ $-0.9(x+5)=3.6$

( )

㉙ $2x-0.2=2.2(x-3)$

( )

㉚ $0.05(2x-3)-0.1=0.07(x+2)$

( )

31 $\frac{1}{7}x-\frac{2}{7}=\frac{3}{7}$

( )

32 $\frac{3}{2}x+\frac{3}{4}=-\frac{15}{4}$

( )

33 $\frac{5}{3}x-3=\frac{1}{6}x$

( )

34 $-x+\frac{5}{2}=\frac{1}{2}x-8$

( )

35 $\frac{1}{5}x+\frac{3}{2}=\frac{1}{2}x+\frac{6}{5}$

( )

36 $3-\frac{1}{4}x=\frac{1}{2}-\frac{4}{3}x$

( )

37 $-\frac{1}{3}(x+5)=1$

( )

38 $\frac{3}{4}(x-1)=\frac{1}{2}x-2$

( )

39 $\frac{1}{3}(x+4)=\frac{5}{2}(x-2)+2$

( )

40 $\frac{x-6}{3}=\frac{x+4}{8}$

( )

5 일차방정식의 활용

| 공부한 날짜 월 일 |

18 일차방정식의 활용 (1)

일차방정식의 활용 문제는 다음과 같은 순서로 해결합니다.

❶ 미지수 정하기 문제의 뜻을 이해하고 구하려는 값을 x로 놓습니다.

❷ 방정식 세우기 문제의 뜻에 맞게 일차방정식을 세웁니다.

❸ 방정식 풀기 일차방정식을 풉니다.

❹ 답 구하기 구한 해가 문제의 뜻에 맞는지 확인하고, 답을 구합니다.

• 문제의 답을 구할 때, 단위가 있는 경우 반드시 단위를 씁니다.

초등에서 배웠어요 어떤 수 구하기

어떤 수에 3을 더했더니 8이 되었습니다. 어떤 수는 얼마일까요?

□+3=8 → □=8−3=5 → 어떤 수: 5

어떤 수를 □로 하여 식을 세웁니다. / □를 구합니다. / 어떤 수를 구합니다.

1 어떤 수에 9를 더한 수가 처음 어떤 수의 4배와 같다고 합니다. 어떤 수를 구하려고 할 때, 다음 물음에 답하세요.

(1) 어떤 수를 x라고 할 때, 일차방정식을 세워 보세요.

⇨ $x+$□$=$□x

(2) 위 (1)에서 세운 일차방정식을 풀어 보세요.

⇨ $x=$□

(3) 어떤 수를 구해 보세요.

⇨ 어떤 수: □

2 어떤 수의 2배에서 1을 뺀 수가 처음 어떤 수에 6을 더한 수와 같다고 합니다. 어떤 수를 구하려고 할 때, 다음 물음에 답하세요.

(1) 어떤 수를 x라고 할 때, 일차방정식을 세워 보세요.

⇨ $2x-$□$=x+$□

(2) 위 (1)에서 세운 일차방정식을 풀어 보세요.

⇨ $x=$□

(3) 어떤 수를 구해 보세요.

⇨ 어떤 수: □

3 어떤 수의 3배에서 4를 뺐더니 11이 되었을 때, 어떤 수를 구해 보세요.

( )

4 어떤 수의 6배보다 15만큼 큰 수가 처음 어떤 수와 같을 때, 어떤 수를 구해 보세요.

( )

5 어떤 수에 10을 더한 수가 처음 어떤 수의 6배와 같을 때, 어떤 수를 구해 보세요.

( )

6 24에서 어떤 수를 뺀 수가 어떤 수의 5배와 같을 때, 어떤 수를 구해 보세요.

( )

7 어떤 수에 4를 더한 후 3배한 수가 36일 때, 어떤 수를 구해 보세요.

( )

8 어떤 수에서 1을 뺀 수가 처음 어떤 수의 2배에 7을 더한 수와 같을 때, 어떤 수를 구해 보세요.

( )

9 어떤 수의 4배에 3을 더한 수가 처음 어떤 수의 6배에서 9를 뺀 수와 같을 때, 어떤 수를 구해 보세요.

( )

10 어떤 수에 1을 더한 수가 처음 어떤 수에서 5를 뺀 수의 $\frac{1}{2}$배일 때, 어떤 수를 구해 보세요.

( )

11 연속하는 세 자연수의 합이 54일 때, 세 자연수를 구하려고 합니다. 다음 물음에 답하세요.

(1) 세 자연수 중 가운데 자연수를 x라고 할 때, 다음 표를 완성해 보세요.

가장 작은 수	가운데 수	가장 큰 수
	x	

(2) 일차방정식을 세워 보세요.

⇨ ______________________

(3) 위 (2)에서 세운 일차방정식을 풀어 보세요.

⇨ $x=$ ☐

(4) 세 자연수를 구해 보세요.

⇨ ☐, ☐, ☐

12 연속하는 세 자연수의 합이 36일 때, 세 자연수를 구해 보세요.

(　　　　　　　　)

13 연속하는 세 자연수의 합이 63일 때, 세 자연수 중 가장 큰 수를 구해 보세요.

(　　　　　　　　)

14 연속하는 두 홀수의 합이 40일 때, 두 홀수 중 작은 수를 구해 보세요.

(　　　　　　　　)

연속하는 두 홀수 또는 짝수에서 큰 수는 작은 수보다 2만큼 커.

15 연속하는 두 짝수의 합이 46일 때, 두 짝수를 구해 보세요.

(　　　　　　　　)

16 현재 어머니의 나이는 40세이고 아들의 나이는 13세입니다. 어머니의 나이가 아들의 나이의 2배가 되는 때는 몇 년 후인지 구하려고 합니다. 다음 물음에 답하세요.

(1) x년 후의 어머니의 나이가 아들의 나이의 2배가 된다고 할 때, 다음 표를 완성해 보세요.

	현재	x년 후
어머니		$(40+x)$세
아들	13세	

(2) 일차방정식을 세워 보세요.

⇨ ______________________

(3) 위 (2)에서 세운 일차방정식을 풀어 보세요.

⇨ $x=$ □

(4) 어머니의 나이가 아들의 나이의 2배가 되는 것은 몇 년 후인지 구해 보세요.

⇨ □년 후

• 단위를 반드시 씁니다.

17 3세 차이가 나는 소민이와 소민이 오빠의 나이의 합이 29세일 때, 소민이의 나이를 구해 보세요.

(　　　　　　　　)

18 현재 아버지의 나이는 43세이고 딸의 나이는 14세입니다. 딸의 나이가 아버지의 나이의 $\frac{1}{2}$배가 되는 때는 몇 년 후인지 구해 보세요.

(　　　　　　　　)

19 현재 승현이의 나이는 12세이고 선생님의 나이는 35세입니다. 선생님의 나이가 승현이의 나이의 2배보다 1세 더 많아지는 때는 몇 년 후인지 구해 보세요.

(　　　　　　　　)

20 십의 자리의 숫자가 6인 두 자리의 자연수가 있습니다. 이 자연수의 십의 자리의 숫자와 일의 자리의 숫자를 바꾼 수는 처음 수보다 27만큼 작다고 할 때, 처음 자연수를 구하려고 합니다. 다음 물음에 답하세요.

(1) 처음 수의 일의 자리의 숫자를 x라고 할 때, 처음 수와 바꾼 수를 알맞은 식으로 나타내어 보세요.

⇨ 처음 수: $60+\square$

⇨ 바꾼 수: $\square x+6$

(2) 일차방정식을 세워 보세요.

⇨ ______________________

(3) 위 (2)에서 세운 일차방정식을 풀어 보세요.

⇨ $x=\square$

(4) 처음 수를 구해 보세요.

⇨ 처음 수: $\square$

21 십의 자리의 숫자가 5인 두 자리의 자연수가 있습니다. 이 자연수의 십의 자리의 숫자와 일의 자리의 숫자를 바꾼 수는 처음 수보다 36만큼 작다고 할 때, 처음 자연수를 구해 보세요.

(　　　　　　　　)

22 일의 자리의 숫자가 7인 두 자리의 자연수가 있습니다. 이 자연수의 십의 자리의 숫자와 일의 자리의 숫자를 바꾼 수는 처음 수보다 45만큼 크다고 할 때, 처음 자연수를 구해 보세요.

(　　　　　　　　)

23 십의 자리의 숫자가 2인 두 자리의 자연수가 있습니다. 이 자연수는 각 자리의 숫자의 합의 4배와 같다고 할 때, 이 자연수를 구해 보세요.

(　　　　　　　　)

24 한 개에 800원인 음료수 몇 개와 한 개에 1500원인 과자 3개를 7700원에 샀을 때, 음료수는 몇 개 샀는지 구하려고 합니다. 다음 물음에 답하세요.

(1) 음료수를 x개 샀다고 할 때, 다음 표를 완성해 보세요.

	음료수	과자
개수	x개	
전체 가격		4500원

(2) 일차방정식을 세워 보세요.

⇨ ______________________

(3) 위 (2)에서 세운 일차방정식을 풀어 보세요.

⇨ $x=$ □

(4) 음료수는 몇 개 샀는지 구해 보세요.

⇨ □개

25 한 권에 1000원인 공책 5권과 한 자루에 700원인 연필 몇 자루를 9200원에 샀습니다. 연필은 몇 자루 샀는지 구해 보세요.

( )

26 한 개에 400원인 사탕 몇 개를 사서 2500원짜리 상자에 담았더니 총 가격이 7300원이었습니다. 사탕은 몇 개 샀는지 구해 보세요.

( )

27 한 개에 300원인 고무줄과 한 개에 600원인 머리핀을 합하여 15개를 6000원에 샀습니다. 고무줄은 몇 개 샀는지 구해 보세요.

( )

19 일차방정식의 활용 (2) – 도형의 둘레

예 가로의 길이가 6 cm이고, 둘레의 길이가 22 cm인 직사각형의 세로의 길이 구하기

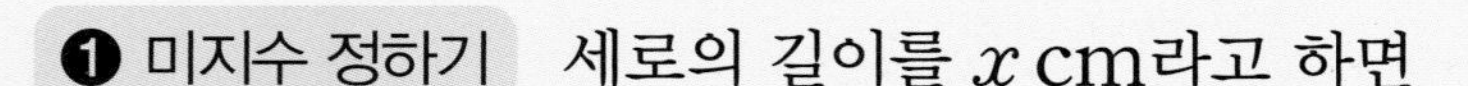

❶ 미지수 정하기 세로의 길이를 x cm라고 하면

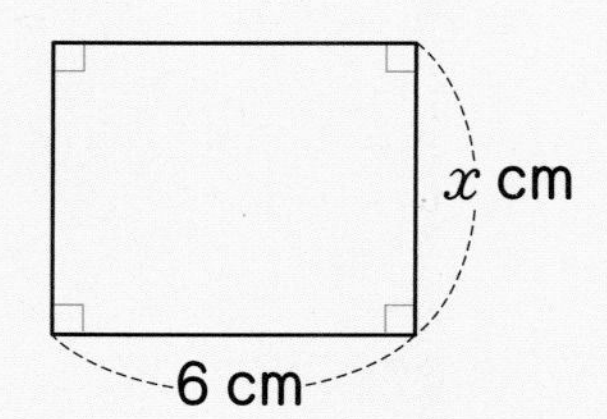

❷ 방정식 세우기 2{(가로의 길이)+(세로의 길이)}
=(둘레의 길이)
이므로 $2(6+x)=22$

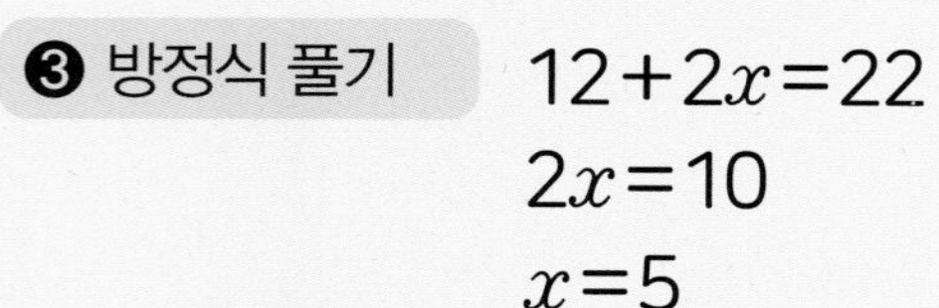

❸ 방정식 풀기 $12+2x=22$
$2x=10$
$x=5$

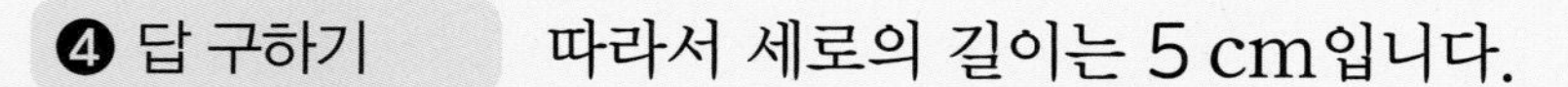

❹ 답 구하기 따라서 세로의 길이는 5 cm입니다.

1 가로의 길이가 세로의 길이보다 2 cm만큼 더 길고, 둘레의 길이가 28 cm인 직사각형이 있습니다. 이 직사각형의 세로의 길이를 구하려고 할 때, 다음 물음에 답하세요.

(1) 세로의 길이를 x cm라고 할 때, 가로의 길이를 알맞은 식으로 나타내어 보세요.

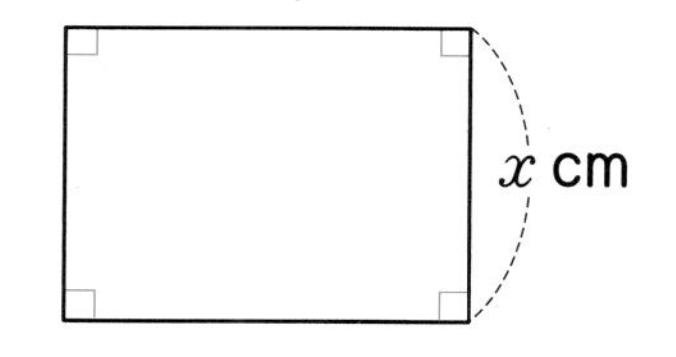

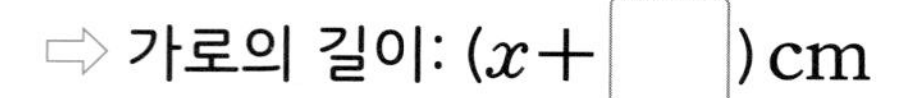

⇨ 가로의 길이: ($x+$ ☐) cm

(2) 일차방정식을 세워 보세요. ⇨ ____________________

(3) 위 (2)에서 세운 일차방정식을 풀어 보세요. ⇨ $x=$ ☐

(4) 직사각형의 세로의 길이를 구해 보세요. ⇨ ☐ cm

2 가로의 길이가 세로의 길이보다 4 cm만큼 더 길고, 둘레의 길이가 40 cm인 직사각형이 있습니다. 이 직사각형의 가로의 길이와 세로의 길이를 각각 구해 보세요.

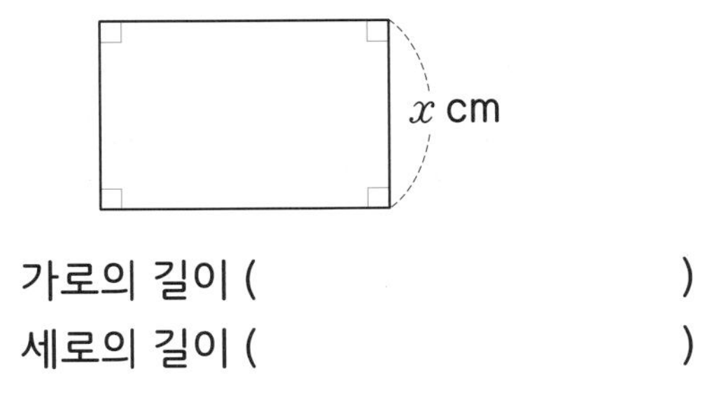

가로의 길이 (　　　　　　　　)
세로의 길이 (　　　　　　　　)

3 가로의 길이가 세로의 길이보다 5 cm만큼 더 짧고, 둘레의 길이가 34 cm인 직사각형이 있습니다. 이 직사각형의 가로의 길이를 구해 보세요.

(　　　　　　　　)

4 세로의 길이가 가로의 길이의 2배이고, 둘레의 길이가 48 cm인 직사각형이 있습니다. 이 직사각형의 넓이를 구해 보세요.

(　　　　　　　　)

5 길이가 46 cm인 철사를 구부려 세로의 길이가 가로의 길이보다 3 cm만큼 더 짧은 직사각형을 만들려고 합니다. 이 직사각형의 가로의 길이와 세로의 길이를 각각 구해 보세요. (단, 철사는 남김없이 사용합니다.)

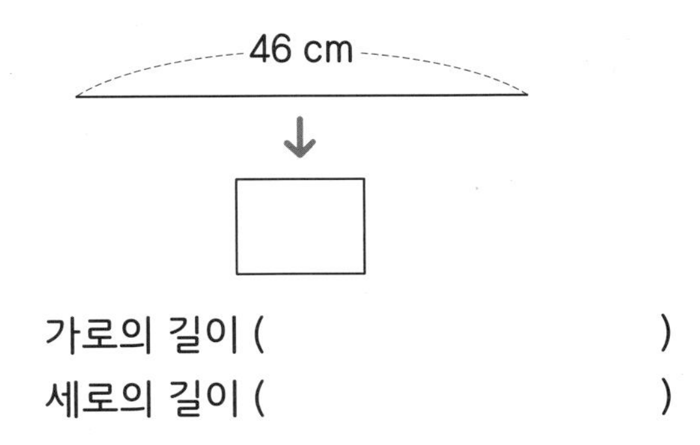

가로의 길이 (　　　　　　　　)
세로의 길이 (　　　　　　　　)

6 한 변의 길이가 서로 같은 정사각형과 정삼각형의 둘레의 길이의 합이 49 cm입니다. 정사각형의 한 변의 길이를 구해 보세요.

(　　　　　　　　)

7 가로의 길이가 세로의 길이의 3배보다 8 cm만큼 더 짧고, 둘레의 길이가 24 cm인 직사각형 모양의 사진이 있습니다. 이 사진의 가로의 길이를 구해 보세요.

(　　　　　　　　)

일차방정식의 활용 (3) – 도형의 넓이

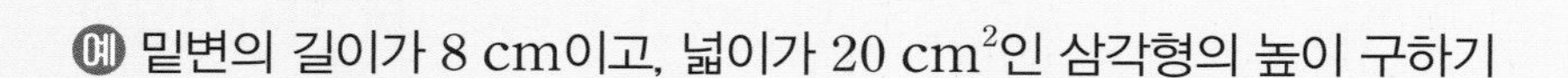

예 밑변의 길이가 8 cm이고, 넓이가 20 cm^2인 삼각형의 높이 구하기

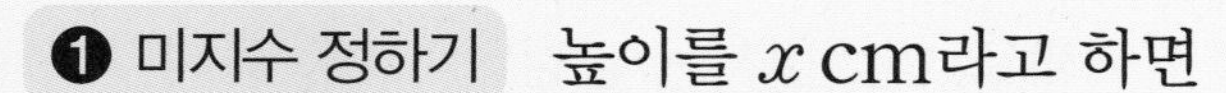

❶ 미지수 정하기 높이를 x cm라고 하면

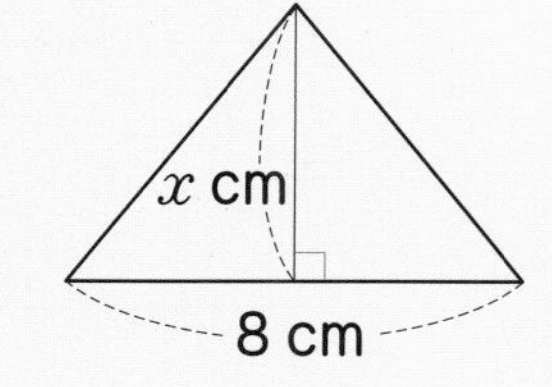

❷ 방정식 세우기 $\frac{1}{2}\times$(밑변의 길이)$\times$(높이)$=$(넓이)이므로

$\frac{1}{2}\times8\times x=20$

❸ 방정식 풀기 $4x=20$

$x=5$

❹ 답 구하기 따라서 삼각형의 높이는 5 cm입니다.

8 한 변의 길이가 9 cm인 정사각형의 가로의 길이는 늘이고 세로의 길이는 2 cm만큼 줄여서 넓이가 91 cm^2인 직사각형을 만들었습니다. 처음 정사각형에서 가로의 길이를 몇 cm만큼 늘였는지 구하려고 할 때, 다음 물음에 답하세요.

(1) 정사각형의 가로의 길이를 x cm만큼 늘였다고 할 때, 새로 만든 직사각형의 가로의 길이와 세로의 길이를 각각 구해 보세요.

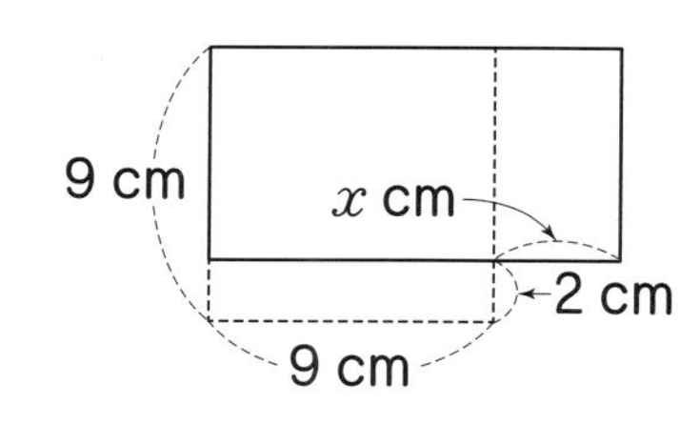

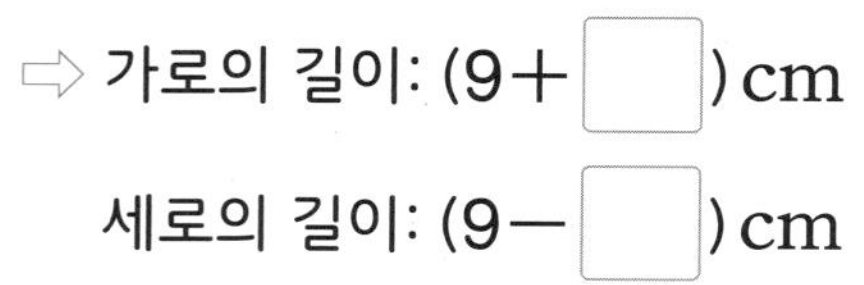

⇨ 가로의 길이: (9+□) cm

세로의 길이: (9−□) cm

(2) 일차방정식을 세워 보세요. ⇨ ____________________

(3) 위 (2)에서 세운 일차방정식을 풀어 보세요. ⇨ $x=$□

(4) 처음 정사각형에서 가로의 길이를 몇 cm만큼 늘였는지 구해 보세요. ⇨ □ cm

9 다음과 같은 직각삼각형의 넓이가 48 cm^2일 때, x의 값을 구해 보세요.

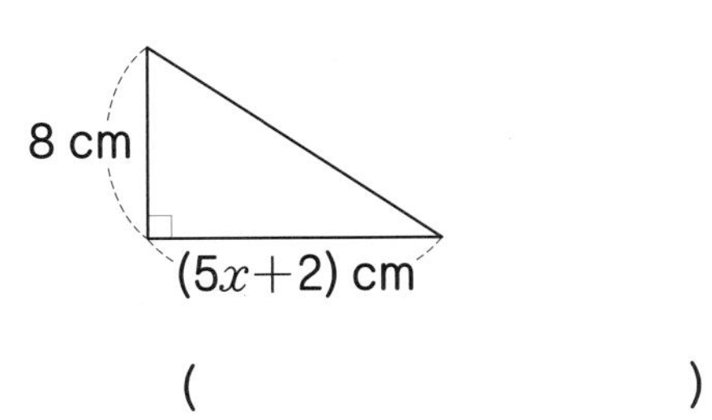

( )

10 높이가 6 cm이고, 넓이가 39 cm^2인 사다리꼴이 있습니다. 이 사다리꼴의 아랫변의 길이가 윗변의 길이보다 3 cm만큼 더 길 때, 아랫변의 길이를 구해 보세요.

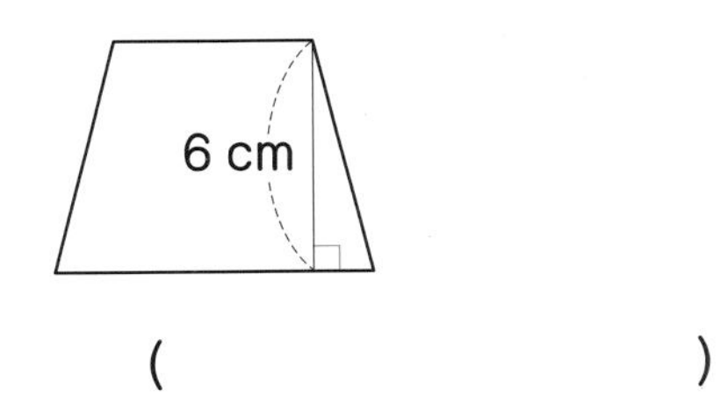

( )

11 밑변의 길이가 7 cm, 높이가 4 cm인 삼각형의 밑변의 길이를 x cm만큼 늘였더니 넓이가 처음의 넓이보다 6 cm^2만큼 늘어났습니다. x의 값을 구해 보세요.

( )

12 한 변의 길이가 12 cm인 정사각형의 가로의 길이는 x cm만큼 줄이고, 세로의 길이는 3 cm만큼 늘였더니 넓이가 135 cm^2가 되었습니다. x의 값을 구해 보세요.

( )

13 한 변의 길이가 8 cm인 정사각형의 가로의 길이는 늘이고, 세로의 길이는 4 cm만큼 줄였더니 넓이가 처음 정사각형의 넓이와 같았습니다. 가로의 길이를 몇 cm만큼 늘였는지 구해 보세요.

( )

14 한 변의 길이가 10 cm인 정사각형의 가로의 길이는 2 cm만큼 줄이고, 세로의 길이는 늘였더니 정사각형 넓이가 처음 정사각형의 넓이보다 12 cm^2만큼 줄어들었습니다. 세로의 길이를 몇 cm만큼 늘였는지 구해 보세요.

( )

일차방정식의 활용 (4) – 거리, 속력, 시간

거리, 속력, 시간에 대한 문제는 다음 관계를 이용하여 일차방정식을 세웁니다.

(거리)=(속력)×(시간)

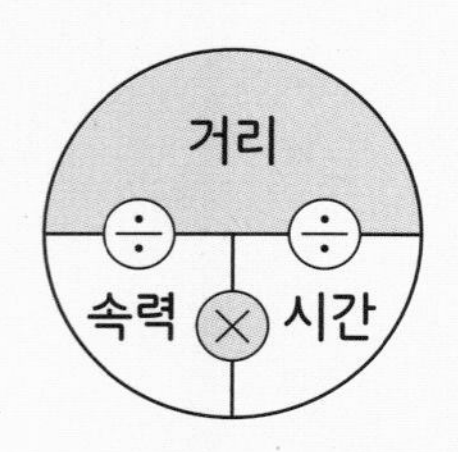

$(\text{속력})=\dfrac{(\text{거리})}{(\text{시간})}$

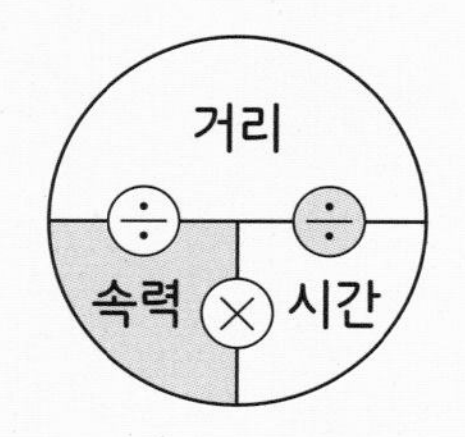

$(\text{시간})=\dfrac{(\text{거리})}{(\text{속력})}$

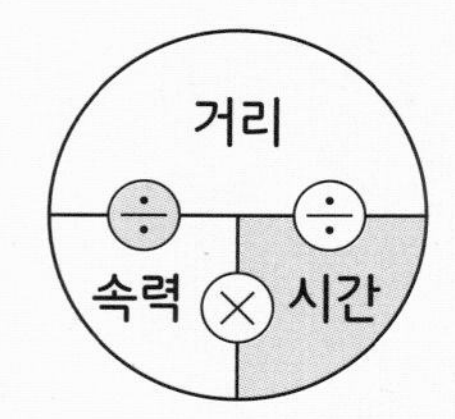

참고 • 시속: 한 시간 동안 이동한 거리
• 시속 5 km: 한 시간 동안 이동한 거리가 5 km

◎ 다음을 식으로 나타내어 보세요.

15 시속 7 km로 x km를 이동할 때 걸리는 시간

⇨ $(\text{시간})=\dfrac{(\text{거리})}{(\text{속력})}$

⇨ $\dfrac{x}{\square}$ 시간

16 시속 12 km로 x km를 이동할 때 걸리는 시간

⇨

17 시속 9 km로 $(x+1)$ km를 이동할 때 걸리는 시간

⇨ ______________________

18 시속 6 km로 x km를 이동하고 다시 시속 5 km로 x km를 이동했을 때, 총 걸린 시간

⇨ 시속 6 km로 x km를 이동할 때 걸린 시간: $\square$ 시간

⇨ 시속 5 km로 x km를 이동할 때 걸린 시간: $\square$ 시간

⇨ 총 걸린 시간:  $(\square+\square)$시간

19 시속 8 km로 x km를 이동하고 다시 시속 10 km로 $(x-2)$ km를 이동했을 때, 총 걸린 시간

⇨ ______________________

20 현석이가 집에서 도서관을 다녀오는데 갈 때는 시속 2 km로 걷고, 올 때는 같은 길을 시속 4 km로 걸어서 총 3시간이 걸렸습니다. 현석이네 집에서 도서관까지의 거리를 구하려고 할 때, 다음 물음에 답하세요.

(1) 현석이네 집에서 도서관까지의 거리를 x km라고 할 때, 다음 표를 완성해 보세요.

	갈 때	올 때
거리	x km	x km
속력	시속 2 km	
시간		

(2) 일차방정식을 세워 보세요.

⇨ ______________________

(3) 위 (2)에서 세운 일차방정식을 풀어 보세요.

⇨ $x=$ □

(4) 현석이네 집에서 도서관까지의 거리를 구해 보세요.

⇨ □ km

21 하겸이가 등산을 하는데 올라갈 때는 시속 1 km로 걷고, 내려올 때는 같은 길을 시속 3 km로 걸어서 총 4시간이 걸렸습니다. 다음 표를 완성하고, 하겸이가 올라간 등산로의 길이를 구해 보세요.

	올라갈 때	내려올 때
거리	x km	x km
속력	시속 1 km	
시간		

( )

22 지민이가 자전거를 타고 공원을 다녀오는데 갈 때는 시속 8 km로 달리고, 올 때는 갈 때보다 2 km 먼 길을 시속 12 km로 달려서 총 1시간이 걸렸습니다. 다음 표를 완성하고, 지민이가 자전거를 타고 시속 8 km로 달린 거리를 구해 보세요.

	갈 때	올 때
거리	x km	
속력	시속 8 km	
시간	$\frac{x}{8}$시간	

( )

일차방정식의 활용 평가

공부한 날짜 월 일

1 어떤 수의 2배에 7을 더했더니 21이 되었을 때, 어떤 수를 구해 보세요.

( )

2 어떤 수에 12를 더한 수가 처음 어떤 수의 5배와 같을 때, 어떤 수를 구해 보세요.

( )

3 어떤 수의 3배에서 2를 뺀 수가 처음 어떤 수의 2배에 8을 더한 수와 같을 때, 어떤 수를 구해 보세요.

( )

4 어떤 수에 1을 더하여 6배한 수가 처음 어떤 수에 16을 더한 수와 같을 때, 어떤 수를 구해 보세요.

( )

5 연속하는 세 자연수의 합이 81일 때, 세 자연수를 구해 보세요.

( )

6 연속하는 세 자연수의 합이 93일 때, 세 자연수 중 가장 작은 수를 구해 보세요.

( )

7 연속하는 두 홀수의 합이 116일 때, 두 홀수 중 큰 수를 구해 보세요.

( )

8 연속하는 두 짝수의 합이 98일 때, 두 짝수를 구해 보세요.

( )

9 5세 차이가 나는 지홍이와 지홍이 누나의 나이의 합이 33세일 때, 지홍이의 나이를 구해 보세요.

( )

10 현재 이모의 나이는 41세이고 조카의 나이는 12세입니다. 이모의 나이가 조카의 나이의 2배가 되는 때는 몇 년 후인지 구해 보세요.

( )

11 현재 예빈이의 나이는 16세이고, 할아버지의 나이는 66세입니다. 예빈이의 나이가 할아버지의 나이의 $\frac{1}{3}$배가 되는 때는 몇 년 후인지 구해 보세요.

( )

12 십의 자리의 숫자가 3인 두 자리의 자연수가 있습니다. 이 자연수의 십의 자리의 숫자와 일의 자리의 숫자를 바꾼 수는 처음 수보다 18만큼 작다고 할 때, 처음 자연수를 구해 보세요.

( )

13 일의 자리의 숫자가 8인 두 자리의 자연수가 있습니다. 이 자연수의 십의 자리의 숫자와 일의 자리의 숫자를 바꾼 수는 처음 수보다 63만큼 크다고 할 때, 처음 자연수를 구해 보세요.

( )

14 일의 자리의 숫자가 1인 두 자리의 자연수가 있습니다. 이 자연수는 각 자리의 숫자의 합의 7배와 같다고 할 때, 이 자연수를 구해 보세요.

( )

일차방정식의 활용 평가

⑮ 한 개에 1200원인 아이스크림 4개와 한 개에 800원인 우유 몇 개를 10400원에 샀습니다. 우유는 몇 개 샀는지 구해 보세요.

( )

⑯ 한 개에 600원인 형광펜 몇 자루를 사서 4500원짜리 필통에 담았더니 총 가격이 9300원이었습니다. 형광펜은 몇 자루 샀는지 구해 보세요.

( )

⑰ 한 개에 1500원인 핫도그와 한 개에 700원인 튀김을 합하여 10개를 8600원에 샀습니다. 핫도그와 튀김은 각각 몇 개 샀는지 구해 보세요.

핫도그 ( )
튀김 ( )

⑱ 가로의 길이가 세로의 길이보다 5 cm만큼 더 길고, 둘레의 길이가 58 cm인 직사각형이 있습니다. 이 직사각형의 가로의 길이와 세로의 길이를 각각 구해 보세요.

가로의 길이 ( )
세로의 길이 ( )

⑲ 한 변의 길이가 서로 같은 정사각형과 정팔각형의 둘레의 길이의 합이 72 cm입니다. 정사각형의 한 변의 길이를 구해 보세요.

( )

⑳ 가로의 길이가 세로의 길이의 2배보다 3 cm만큼 더 짧고, 둘레의 길이가 18 cm인 직사각형 모양의 메모지가 있습니다. 이 메모지의 세로의 길이를 구해 보세요.

( )

21 높이가 7 cm이고, 넓이가 35 cm^{2}인 사다리꼴이 있습니다. 이 사다리꼴의 아랫변의 길이가 윗변의 길이보다 2 cm만큼 더 길 때, 아랫변의 길이를 구해 보세요.

( )

22 한 변의 길이가 6 cm인 정사각형의 가로의 길이는 x cm만큼 줄이고, 세로의 길이는 6 cm만큼 늘였더니 넓이가 48 cm^{2}가 되었습니다. x의 값을 구해 보세요.

( )

23 한 변의 길이가 15 cm인 정사각형의 가로의 길이는 늘이고, 세로의 길이는 8 cm만큼 줄였더니 넓이가 처음 정사각형의 넓이보다 85 cm^{2}만큼 줄어들었습니다. 가로의 길이를 몇 cm만큼 늘였는지 구해 보세요.

( )

24 서윤이가 두 지점 A, B를 왕복하는데 갈 때는 시속 3 km로 걷고, 올 때는 같은 길을 시속 4 km로 걸어서 총 7시간이 걸렸습니다. 다음 표를 완성하고, 두 지점 A, B 사이의 거리를 구해 보세요.

	갈 때	올 때
거리	x km	x km
속력	시속 3 km	
시간		

( )

25 주원이네 가족이 자동차를 타고 놀이공원에 다녀오는데 갈 때는 시속 80 km로 달리고, 올 때는 갈 때보다 20 km 먼 길을 시속 50 km로 달려서 총 3시간이 걸렸습니다. 다음 표를 완성하고, 자동차가 시속 80 km로 달린 거리를 구해 보세요.

	갈 때	올 때
거리	x km	
속력	시속 80 km	
시간	$\frac{x}{80}$시간	

( )

성취도 평가 1회

공부한 날짜 월 일

○ 기호 ×, ÷를 생략한 식으로 나타내어 보세요. [1~5]

1 $(-4)\times x=$

2 $0.1\times a\times b\times b\times b=$

3 $x\div(-2)\div y=$

4 $a\div 3+y\div(-5)=$

5 $y\times(x+1)\div z=$

○ $a=4$, $b=-1$일 때, 다음 식의 값을 구해 보세요. [6~8]

6 $a-2b=$

7 $-2ab=$

8 $\dfrac{2a}{b^3+5}=$

○ 다항식 $-3x^2+x+\dfrac{1}{2}$에서 다음을 구해 보세요. [9~12]

9 상수항 (　　　　　)

10 x^2의 계수 (　　　　　)

11 x의 계수 (　　　　　)

12 다항식의 차수 (　　　　　)

○ 계산해 보세요. [⑬~⑰]

⑬ $\left(-\frac{6}{5}x\right)\div 3=$

⑭ $-7(2y-1)=$

⑮ $(6-21a)\div 3=$

⑯ $(4x-1)+2(-3x+2)=$

⑰ $\frac{1}{3}(-x+4)-\frac{2}{3}(2x+1)=$

○ 밑줄 친 부분을 이항해 보세요. [⑱~㉒]

⑱ $x\underline{-2}=3$

⇨ ______________________

⑲ $-5x\underline{+1}=-9$

⇨ ______________________

⑳ $3x=\underline{x}-6$

⇨ ______________________

㉑ $2x\underline{-5}=\underline{4x}-7$

⇨ ______________________

㉒ $\underline{\frac{3}{2}}-11x=\underline{-9x}-\frac{1}{4}$

⇨ ______________________

일차방정식을 풀어 보세요. [㉓~㉗]

㉓ $3x-7=2$

( )

㉔ $x+5=2x+15$

( )

㉕ $10-5(2x-1)=-7x+3$

( )

㉖ $0.3(x-1)=0.26(x+2)$

( )

㉗ $2x-\frac{5}{6}=\frac{1}{2}+\frac{7}{3}x$

( )

㉘ 어떤 수에 12를 더한 수가 처음 어떤 수의 $\frac{5}{2}$배와 같을 때, 어떤 수를 구해 보세요.

( )

㉙ 가로의 길이가 세로의 길이보다 3 cm만큼 더 길고, 둘레의 길이가 70 cm인 직사각형이 있습니다. 이 직사각형의 가로의 길이를 구해 보세요.

( )

㉚ 채린이가 등산을 하는데 올라갈 때는 시속 2 km로 걷고, 내려올 때는 같은 길을 시속 3 km로 걸어서 총 5시간이 걸렸습니다. 채린이가 올라간 등산로의 길이를 구해 보세요.

( )

성취도 평가 2회

공부한 날짜 월 일

○ 기호 ×, ÷를 생략한 식으로 나타내어 보세요. [1~4]

1 3점짜리 슛을 x번 성공했을 때 얻은 점수

⇨ (   )

2 귤을 10개씩 a개의 상자에 담고 6개가 남았을 때, 전체 귤의 개수

⇨ (   )

3 백의 자리의 숫자가 3, 십의 자리의 숫자가 x, 일의 자리의 숫자가 y인 세 자리의 자연수

⇨ (   )

4 시속 75 km로 달리는 자동차가 x km를 이동하는 데 걸린 시간

⇨ (   )

○ 계산해 보세요. [5~9]

5 $\frac{1}{15}a\times(-3)=$

6 $(4x-3)\times2=$

7 $\left(\frac{1}{4}x-\frac{7}{6}\right)\div\left(-\frac{1}{12}\right)=$

8 $(x+3)-(-2x+9)=$

9 $(5x-3)+\frac{1}{4}(12x+8)=$

성취도 평가 2회

● 등식이 성립하도록 ☐ 안에 알맞은 수를 써넣으세요. [⑩~⑬]

⑩ $a=b$이면

$a+\frac{2}{5}=b+$ ☐ 입니다.

⑪ $x=y$이면

$x-$ ☐ $=y-1.7$입니다.

⑫ $a=b$이면

$a\times(-7)=b\times($ ☐ $)$입니다.

⑬ $p=q$이면

$p\div$ ☐ $=q\div4$입니다.

● 등식이 항등식이면 '항', 일차방정식이면 '일'을 ( ) 안에 써넣으세요. [⑭~⑱]

⑭ $3x+1=1$ ( )

⑮ $2x+1=-2x+1$ ( )

⑯ $x-5=-5+x$ ( )

⑰ $-6x+3=3(1-2x)$ ( )

⑱ $-x^2+4x-1=3x-x^2$ ( )

○ 일차방정식을 풀어 보세요. [⑲~㉒]

⑲ $x=4x-6$ (　　　　)

⑳ $x+2=5(x-6)$ (　　　　)

㉑ $0.2x+0.5=-0.4x-1.9$
(　　　　)

㉒ $\frac{2}{5}(7+x)=\frac{1}{2}(-x+2)$
(　　　　)

㉓ 현재 형의 나이는 16세이고, 동생의 나이는 5세입니다. 형의 나이가 동생의 나이의 2배가 되는 때는 몇 년 후인지 구해 보세요.
(　　　　)

㉔ 한 개에 500원인 막대 사탕 7개와 한 줄에 2500원인 김밥 몇 줄을 16000원에 샀습니다. 김밥은 몇 줄 샀는지 구해 보세요.
(　　　　)

㉕ 한 변의 길이가 11 cm인 정사각형의 가로의 길이는 늘이고, 세로의 길이는 2 cm만큼 줄였더니 넓이가 처음 정사각형의 넓이보다 14 cm^2만큼 늘어났습니다. 가로의 길이를 몇 cm만큼 늘였는지 구해 보세요.
(　　　　)

memo

예비 중등 수학 계산 7B

정답

01 문자를 사용한 식 (1) / 곱셈 기호의 생략 / 나눗셈 기호의 생략

12쪽

① $(13+a)$세
② $10\times x+2$
③ $(a\times b)\text{cm}^2$

13쪽

④ $3a$
⑤ $-5x$
⑥ $-y$
⑦ $\frac{b}{2}$
⑧ $\frac{2}{3}c$
⑨ $0.1x$
⑩ $-1.1a$
⑪ xy

14쪽

⑫ abc
⑬ $3ax$
⑭ $0.1ab$
⑮ x^4
⑯ a^2b^2
⑰ $\frac{x^2}{5}$
⑱ $-2ab^2$
⑲ $4(x+y)$
⑳ $-(a-b)$
㉑ $x+6y$
㉒ $2a+5y$
㉓ $-0.1x+7xy$

15쪽

㉔ $\frac{a}{7}$
㉕ $\frac{3}{b}$
㉖ $-\frac{x}{2}$
㉗ $-\frac{4}{y}$
㉘ $-\frac{1}{c}$
㉙ $\frac{1}{2y}$

16쪽

㉚ b, c, $\frac{a}{bc}$
㉛ $\frac{y}{5x}$
㉜ $-\frac{3}{ab}$
㉝ $\frac{xy}{z}$
㉞ $x+y$
㉟ $-\frac{a+b}{8}$
㊱ $-(a+1)$
㊲ $\frac{a+b}{c-d}$
㊳ $\frac{x+3}{yz}$
㊴ $a+\frac{b}{4}$
㊵ $\frac{x}{7}+\frac{y}{11}$
㊶ $\frac{1}{x+y}-\frac{z}{9}$

17쪽

㊷ c, $\frac{ab}{c}$
㊸ $\frac{ab}{3}$
㊹ $-\frac{2y}{x}$
㊺ $\frac{x^2}{y}$
㊻ $\frac{by}{ax}$
㊼ $\frac{7a^2}{xy}$
㊽ $\frac{x}{yz}$
㊾ $2x+\frac{y}{z}$
㊿ $ab+\frac{c}{5}$
51 $3-\frac{ac}{b}$
52 $\frac{x(z-1)}{y}$
53 $\frac{a}{b+c}-b^2$

㉛ $y\div 5\div x=y\times\frac{1}{5}\times\frac{1}{x}=\frac{y}{5x}$

㉜ $(-3)\div a\div b=(-3)\times\frac{1}{a}\times\frac{1}{b}=-\frac{3}{ab}$

㉝ $y\div z\div\frac{1}{x}=y\times\frac{1}{z}\times x=\frac{xy}{z}$

㊳ $(x+3)\div y\div z=(x+3)\times\frac{1}{y}\times\frac{1}{z}=\frac{x+3}{yz}$

㊸ $a\div 3\times b=a\times\frac{1}{3}\times b=\frac{ab}{3}$

㊹ $(-2)\div x\times y=(-2)\times\frac{1}{x}\times y=-\frac{2y}{x}$

㊺ $x\times x\div y=x\times x\times\frac{1}{y}=\frac{x^2}{y}$

㊻ $b\div a\times y\div x=b\times\frac{1}{a}\times y\times\frac{1}{x}=\frac{by}{ax}$

㊼ $a\times 7\div x\times a\div y=a\times 7\times\frac{1}{x}\times a\times\frac{1}{y}=\frac{7a^2}{xy}$

㊽ $x\div(y\times z)=x\times\frac{1}{y\times z}=\frac{x}{yz}$

㊾ $2\times x+y\div z=2\times x+y\times\frac{1}{z}=2x+\frac{y}{z}$

㊿ $b\times a-c\div(-5)=b\times a-c\times\left(-\frac{1}{5}\right)$
$=ab+\frac{c}{5}$

51 $3-a\div b\times c=3-a\times\frac{1}{b}\times c=3-\frac{ac}{b}$

52 $x\times(z-1)\div y=x\times(z-1)\times\frac{1}{y}=\frac{x(z-1)}{y}$

53 $a\div(b+c)-b\times b=a\times\frac{1}{b+c}-b\times b$
$=\frac{a}{b+c}-b^2$

02 문자를 사용한 식 (2) / 대입과 식의 값

18쪽

❶ $9x$
❷ $(4x+5y)$점
❸ $(8n+2)$개

19쪽

❹ $(700a+1200b)$원
❺ $(10000-1000x)$원
❻ $100a+10b+7$
❼ $\frac{29}{100}x$ 명
❽ $\frac{1}{2}b(x+y)\ \text{cm}^2$
❾ $\frac{20}{a}$ 시간

20쪽

⑩ $0,\ -1$
⑪ $4,\ 11$
⑫ $-1,\ -4$
⑬ $1,\ -\frac{1}{2}$
⑭ $6,\ -3$
⑮ $-4,\ 2$

21쪽

❗계산 결과를 가분수 또는 기약분수로 나타내지 않아도 정답으로 인정합니다.

⑯ -8
⑰ 4
⑱ 5
⑲ $\frac{1}{2}$
⑳ 4
㉑ 1
㉒ 3
㉓ 3
㉔ $\frac{5}{2}$
㉕ $-\frac{9}{4}$
㉖ $\frac{9}{4}$
㉗ $\frac{3}{2}$

22쪽

❗계산 결과를 가분수 또는 기약분수로 나타내지 않아도 정답으로 인정합니다.

㉘ $\frac{2}{3}$
㉙ $-\frac{1}{3}$
㉚ 2
㉛ 2
㉜ 1
㉝ $\frac{3}{2}$
㉞ $-\frac{1}{4}$
㉟ -4
㊱ $\frac{1}{2}$
㊲ 1
㊳ $-\frac{3}{16}$
㊴ 15

23쪽

❗계산 결과를 가분수 또는 기약분수로 나타내지 않아도 정답으로 인정합니다.

㊵ $b,\ 1,\ 2,\ 10$
㊶ 1
㊷ -4
㊸ 2
㊹ 1
㊺ $-\frac{1}{3}$
㊻ 7
㊼ $-\frac{5}{2}$
㊽ 20
㊾ 14
㊿ $-\frac{1}{7}$
51 8

❷ $4\times x+5\times y=4x+5y$(점)

1 문자의 사용과 식

❸ $8\times n+2=8n+2$(개)

❹ $700\times a+1200\times b=700a+1200b$(원)

❺ $10000-1000\times x=10000-1000x$(원)

❻ $100\times a+10\times b+7=100a+10b+7$

❼ $x\times\frac{29}{100}=\frac{29}{100}x$(명)

❽ $\frac{1}{2}\times(x+y)\times b=\frac{1}{2}b(x+y)(\text{cm}^2)$

⓰ $4x=4\times(-2)=-8$

⓱ $-2x=-2\times(-2)=4$

⓲ $-x+3=-(-2)+3=2+3=5$

⓳ $\frac{1}{4}x+1=\frac{1}{4}\times(-2)+1=-\frac{1}{2}+1=\frac{1}{2}$

⓴ $x^2=(-2)^2=4$

㉑ $-x^2+5=-(-2)^2+5=-4+5=1$

㉒ $2a=2\times\frac{3}{2}=3$

㉓ $4a-3=4\times\frac{3}{2}-3=6-3=3$

㉔ $\frac{a}{3}+2=\frac{1}{3}\times a+2=\frac{1}{3}\times\frac{3}{2}+2=\frac{1}{2}+2=\frac{5}{2}$

㉕ $-a^2=-\left(\frac{3}{2}\right)^2=-\frac{9}{4}$

㉖ $(-a)^2=\left(-\frac{3}{2}\right)^2=\frac{9}{4}$

㉗ $a^2-\frac{1}{2}a=\left(\frac{3}{2}\right)^2-\frac{1}{2}\times\frac{3}{2}$
$=\frac{9}{4}-\frac{3}{4}=\frac{6}{4}=\frac{3}{2}$

㉚ $\frac{6}{x}=\frac{6}{3}=2$

㉛ $-\frac{12}{x}+6=-\frac{12}{3}+6=-4+6=2$

㉜ $\frac{9}{x^2}=\frac{9}{3^2}=\frac{9}{9}=1$

㉝ $1+\frac{3}{2x}=1+\frac{3}{2\times3}=1+\frac{1}{2}=\frac{3}{2}$

㉞ $\frac{1}{x}=\frac{1}{-4}=-\frac{1}{4}$

㉟ $\frac{16}{x}=\frac{16}{-4}=-4$

㊱ $-\frac{2}{x}=-1\times\frac{2}{-4}=-1\times\left(-\frac{2}{4}\right)=\frac{1}{2}$

㊲ $\frac{2}{x}+\frac{3}{2}=\frac{2}{-4}+\frac{3}{2}=-\frac{1}{2}+\frac{3}{2}=\frac{2}{2}=1$

㊳ $-\frac{3}{x^2}=-\frac{3}{(-4)^2}=-\frac{3}{16}$

㊴ $x^2+\frac{4}{x}=(-4)^2+\frac{4}{-4}=16+(-1)=15$

㊶ $-a+b=-1+2=1$

㊷ $2a-3b=2\times1-3\times2=2-6=-4$

㊸ $a+\frac{b}{2}=1+\frac{2}{2}=1+1=2$

㊹ $b-a^2=2-1^2=2-1=1$

㊺ $\frac{a-b}{a+b}=\frac{1-2}{1+2}=-\frac{1}{3}$

㊻ $x-y=2-(-5)=2+5=7$

㊼ $\frac{y}{x}=\frac{-5}{2}=-\frac{5}{2}$

㊽ $5x-2y=5\times2-2\times(-5)=10+10=20$

㊾ $4-xy=4-2\times(-5)=4+10=14$

㊿ $\frac{x}{3y+1}=\frac{2}{3\times(-5)+1}=\frac{2}{-14}=-\frac{1}{7}$

51 $-x(y+1)=-2\times\{(-5)+1\}$
$=-2\times(-4)=8$

03 문자의 사용과 식 평가

24쪽

❶ $10x$

❷ $-\frac{a}{3}$

❸ $-0.1y$

❹ $2ab$

❺ $-7xy$

❻ xy^3

❼ a^2+x^2

❽ $-\frac{2}{3}(x+y)$

❾ $\frac{a}{4}-\frac{3}{5}b$

❿ $ab(x-1)$

25쪽

⓫ $\frac{x}{8}$

⓬ $-\frac{5}{b}$

⓭ $-\frac{x}{2y}$

⓮ $\frac{6}{x+1}$

⓯ $\frac{a}{5}-\frac{y}{4}$

⓰ $\frac{11a}{b}$

⓱ $\frac{x^2}{y}$

⓲ $\frac{ax}{bc}$

⓳ $\frac{x}{9}-12y$

⓴ $ab-\frac{2}{a+b}$

26쪽

❗ 계산 결과를 가분수 또는 기약분수로 나타내지 않아도 정답으로 인정합니다.

㉑ $200x$원

㉒ $2x+1$

㉓ $\frac{5000}{a}$원

㉔ $\frac{1}{2}xy\,\text{cm}^2$

㉕ 시속 $\frac{10}{x}$ km

㉖ 12

㉗ -1

㉘ -19

㉙ $\frac{2}{5}$

㉚ 1

27쪽

❗ 계산 결과를 가분수 또는 기약분수로 나타내지 않아도 정답으로 인정합니다.

㉛ $\frac{4}{3}$

㉜ -1

㉝ $\frac{7}{6}$

㉞ $\frac{1}{27}$

㉟ 0

㊱ -3

㊲ 1

㊳ 2

㊴ $\frac{1}{7}$

㊵ $\frac{1}{8}$

㉑ $200\times x=200x$(원)

㉒ $x\times 2+1=2x+1$

㉓ $5000\div a=\frac{5000}{a}$(원)

㉔ $\frac{1}{2}\times x\times y=\frac{1}{2}xy(\text{cm}^2)$

㉖ $3a=3\times 4=12$

㉗ $-\frac{1}{2}a+1=-\frac{1}{2}\times 4+1=-2+1=-1$

㉘ $-a^2-3=-4^2-3=-16-3=-19$

㉙ $\frac{8}{5a}=\frac{8}{5\times 4}=\frac{8}{20}=\frac{2}{5}$

㉚ $-\frac{1}{a}+\frac{5}{4}=-\frac{1}{4}+\frac{5}{4}=\frac{4}{4}=1$

㉛ $-4a=-4\times\left(-\frac{1}{3}\right)=\frac{4}{3}$

㉜ $6a+1=6\times\left(-\frac{1}{3}\right)+1=-2+1=-1$

㉝ $1-\frac{1}{2}a=1-\frac{1}{2}\times\left(-\frac{1}{3}\right)=1+\frac{1}{6}=\frac{7}{6}$

㉞ $(-a)^3=\left\{-\left(-\frac{1}{3}\right)\right\}^3=\left(\frac{1}{3}\right)^3=\frac{1}{27}$

㉟ $a^2+\frac{1}{3}a=\left(-\frac{1}{3}\right)^2+\frac{1}{3}\times\left(-\frac{1}{3}\right)$
$=\frac{1}{9}+\left(-\frac{1}{9}\right)=0$

㊱ $ab=(-1)\times 3=-3$

㊲ $4x-y=4\times\frac{1}{2}-1=2-1=1$

㊳ $\frac{2a+b}{5}=\frac{2\times 4+2}{5}=\frac{10}{5}=2$

㊴ $\frac{y+3}{x-2}=\frac{-4+3}{-5-2}=\frac{-1}{-7}=\frac{1}{7}$

㊵ $\frac{1}{2}a-b^2=\frac{1}{2}\times\frac{3}{4}-\left(-\frac{1}{2}\right)^2=\frac{3}{8}-\frac{1}{4}$
$=\frac{3}{8}-\frac{2}{8}=\frac{1}{8}$

04 다항식 / 일차식 / 단항식과 수의 곱셈, 나눗셈

30쪽

❶ -5 / -5
❷ $-3y$, -1 / $-4x$, $-3y$, -1
❸ $-\frac{1}{2}x$ / x^2, $-\frac{1}{2}x$, 3
❹ 4
❺ -1
❻ 6
❼ $-\frac{2}{3}$

31쪽

❽ 1
❾ 2, 1
❿ 8, -3
⓫ 1, -2
⓬ -3, $\frac{1}{2}$
⓭ ×
⓮ ○
⓯ ○
⓰ ×
⓱ ○
⓲ ×

32쪽

⓳ a, a, a / 3 / 3
⓴ 1
㉑ 2
㉒ 2
㉓ 1
㉔ 0

33쪽

㉕ 2, 1 / 2
㉖ 1
㉗ 2
㉘ 2
㉙ 1
㉚ ○
㉛ ×
㉜ ○
㉝ ×
㉞ ○
㉟ ×

34쪽

㊱ x, 5, 15
㊲ $8x$
㊳ $-10a$
㊴ $7y$
㊵ $\frac{1}{2}$, $\frac{1}{2}$, 4
㊶ $4y$
㊷ $-\frac{2}{5}x$
㊸ $5a$

35쪽

❗계산 결과를 가분수 또는 기약분수로 나타내지 않아도 정답으로 인정합니다.

㊹ $6x$
㊺ $-2a$
㊻ $-4b$
㊼ $-3x$
㊽ $-\frac{2}{3}y$
㊾ $3x$
㊿ $6x$
51 $-\frac{25}{3}x$
52 $-\frac{5}{12}a$
53 $-\frac{2}{7}y$
54 $18x$
55 $-12b$

⓱ $2\times x^2=2x^2$이므로 단항식입니다.

⓲ $\frac{2+y}{5}=\frac{2}{5}+\frac{1}{5}y$이므로 단항식이 아닙니다.

⓴ $-x=-1\times x$
곱해진 문자가 1개이므로 차수가 1입니다.

㉑ $y^2=y\times y$
곱해진 문자가 2개이므로 차수가 2입니다.

㉒ $-\frac{b^2}{3}=-\frac{1}{3}\times b\times b$
곱해진 문자가 2개이므로 차수가 2입니다.

㉓ $0.1x=0.1\times x$
곱해진 문자가 1개이므로 차수가 1입니다.

㉔ 5에는 곱해진 문자가 0개이므로 차수가 0입니다.

㉖ $7x$의 차수: 1, 2의 차수: 0
⇨ 다항식 $7x+2$의 차수: 1

㉗ $-5x^2$의 차수: 2, x의 차수: 1, 4의 차수: 0
⇨ 다항식 $-5x^2+x+4$의 차수: 2

㉘ $\frac{3}{2}x^2$의 차수: 2, $-6x$의 차수: 1, 1의 차수: 0

⇨ 다항식 $\frac{3}{2}x^2-6x+1$의 차수: 2

㉙ $\frac{-x+5}{8}=-\frac{1}{8}x+\frac{5}{8}$

$-\frac{1}{8}x$의 차수: 1, $\frac{5}{8}$의 차수: 0

⇨ 다항식 $\frac{-x+5}{8}$의 차수: 1

㉛ 다항식의 차수가 2이므로 일차식이 아닙니다.

㉝ 분모에 문자가 있는 식은 다항식이 아닙니다.
따라서 일차식도 아닙니다.

㉟ 다항식의 차수가 0이므로 일차식이 아닙니다.

㊲ $2\times 4x=2\times 4\times x=8x$

㊳ $2a\times(-5)=2\times a\times(-5)$
$=2\times(-5)\times a$
$=-10a$

㊴ $(-1)\times(-7y)=(-1)\times(-7)\times y=7y$

㊶ $12y\div 3=12\times y\times\frac{1}{3}$
$=12\times\frac{1}{3}\times y$
$=4y$

㊷ $(-2x)\div 5=(-2)\times x\times\frac{1}{5}$
$=(-2)\times\frac{1}{5}\times x$
$=-\frac{2}{5}x$

㊸ $(-10a)\div(-2)=(-10)\times a\times\left(-\frac{1}{2}\right)$
$=(-10)\times\left(-\frac{1}{2}\right)\times a$
$=5a$

㊹ $\frac{3}{2}x\times 4=\frac{3}{2}\times x\times 4=\frac{3}{2}\times 4\times x=6x$

㊺ $\frac{1}{4}a\times(-8)=\frac{1}{4}\times a\times(-8)$
$=\frac{1}{4}\times(-8)\times a$
$=-2a$

㊻ $(-6b)\times\frac{2}{3}=(-6)\times b\times\frac{2}{3}$
$=(-6)\times\frac{2}{3}\times b$
$=-4b$

㊼ $\frac{1}{3}\times(-9x)=\frac{1}{3}\times(-9)\times x=-3x$

㊽ $(-7)\times\frac{2}{21}y=(-7)\times\frac{2}{21}\times y=-\frac{2}{3}y$

㊾ $\left(-\frac{x}{8}\right)\times(-24)=\left(-\frac{1}{8}\right)\times x\times(-24)$
$=\left(-\frac{1}{8}\right)\times(-24)\times x$
$=3x$

㊿ $3x\div\frac{1}{2}=3\times x\times 2=3\times 2\times x=6x$

51 $5x\div\left(-\frac{3}{5}\right)=5\times x\times\left(-\frac{5}{3}\right)$
$=5\times\left(-\frac{5}{3}\right)\times x$
$=-\frac{25}{3}x$

52 $\frac{35}{12}a\div(-7)=\frac{35}{12}\times a\times\left(-\frac{1}{7}\right)$
$=\frac{35}{12}\times\left(-\frac{1}{7}\right)\times a$
$=-\frac{5}{12}a$

53 $\left(-\frac{4}{7}y\right)\div 2=\left(-\frac{4}{7}\right)\times y\times\frac{1}{2}$
$=\left(-\frac{4}{7}\right)\times\frac{1}{2}\times y$
$=-\frac{2}{7}y$

54 $(-12x)\div\left(-\frac{2}{3}\right)=(-12)\times x\times\left(-\frac{3}{2}\right)$
$=(-12)\times\left(-\frac{3}{2}\right)\times x$
$=18x$

55 $\frac{9}{4}b\div\left(-\frac{3}{16}\right)=\frac{9}{4}\times b\times\left(-\frac{16}{3}\right)$
$=\frac{9}{4}\times\left(-\frac{16}{3}\right)\times b$
$=-12b$

05 일차식과 수의 곱셈 / 일차식과 수의 나눗셈

36쪽

❶ 2, 2, 10, 8
❷ $4x+8$
❸ $14a-7$
❹ $-9x-6$
❺ 4, 4, 12, 28
❻ $12y+4$
❼ $-20x+15$
❽ $6x-27$

37쪽

❾ $-12a-3$
⑩ $-2x-5$
⑪ $6x-18$
⑫ $-12y+8$
⑬ $2x+1$
⑭ $14x+8$
⑮ $-x-4$
⑯ $-24b-16$
⑰ $2x-2$
⑱ $20x-12$
⑲ $-27a+6$
⑳ $55x+30$

38쪽

❶ 계산 결과를 가분수 또는 기약분수로 나타내지 않아도 정답으로 인정합니다.

㉑ $\frac{3}{4}x+3$
㉒ $-4x-3$
㉓ $-8y-12$
㉔ $9x-2$
㉕ $6a+\frac{2}{7}$
㉖ $-5x-\frac{5}{2}$
㉗ $14b-20$
㉘ $-2x-1$
㉙ $\frac{5}{3}x-10$
㉚ $-6y+15$

39쪽

❶ 계산 결과를 가분수 또는 기약분수로 나타내지 않아도 정답으로 인정합니다.

㉛ $\frac{1}{3}$, $\frac{1}{3}$, $\frac{1}{3}$, 2, 3
㉜ $4b+5$
㉝ $-2x+5$
㉞ $-\frac{1}{2}x+\frac{5}{6}$
㉟ $\frac{1}{3}y-\frac{4}{3}$
㊱ $-\frac{1}{5}x-\frac{1}{5}$
㊲ $-3a-\frac{9}{5}$
㊳ $\frac{5}{3}-6x$

40쪽

❶ 계산 결과를 가분수 또는 기약분수로 나타내지 않아도 정답으로 인정합니다.

㊴ $-3x-2$
㊵ $-\frac{1}{5}x-\frac{2}{5}$
㊶ $-4x-\frac{1}{2}$
㊷ $\frac{1}{10}x-\frac{1}{5}$
㊸ $x-4$
㊹ $3x-5$
㊺ $-\frac{1}{4}x+3$
㊻ $-5x+2$
㊼ $-3+2x$
㊽ $\frac{1}{2}x+\frac{2}{3}$
㊾ $\frac{3}{2}x+\frac{1}{2}$
㊿ $\frac{7}{3}+\frac{2}{3}x$

41쪽

❶ 계산 결과를 가분수 또는 기약분수로 나타내지 않아도 정답으로 인정합니다.

51 $\frac{1}{6}x+2$
52 $-\frac{2}{7}x+\frac{1}{10}$
53 $18x+72$
54 $3x-12$
55 $\frac{1}{9}x+\frac{1}{10}$
56 $-42x-2$
57 $2x-\frac{9}{8}$
58 $2x-4$
59 $-10+5x$
60 $-\frac{1}{4}x+\frac{1}{9}$
61 $-\frac{16}{9}x+2$
62 $16-14x$

❷ $4(x+2)=4\times x+4\times 2$
$=4x+8$

❸ $7(2a-1)=7\times 2a-7\times 1$
$=14a-7$

❹ $3(-3x-2)=3\times(-3x)-3\times 2$
$=-9x-6$

❻ $(6y+2)\times 2=6y\times 2+2\times 2$
$=12y+4$

❼ $(-4x+3)\times 5=(-4x)\times 5+3\times 5$
$=-20x+15$

❽ $(2x-9)\times 3=2x\times 3-9\times 3$
$=6x-27$

❾ $-3(4a+1)=(-3)\times 4a+(-3)\times 1$
$=-12a-3$

⑩ $-(2x+5)=(-1)\times 2x+(-1)\times 5$
$=-2x-5$

⑪ $-6(-x+3)=(-6)\times(-x)+(-6)\times 3$
$=6x-18$

⑫ $-4(3y-2)=(-4)\times 3y-(-4)\times 2$
$=-12y+8$

⑬ $-(-2x-1)=(-1)\times(-2x)-(-1)\times 1$
$=2x+1$

⑭ $-2(-7x-4)=(-2)\times(-7x)-(-2)\times 4$
$=14x+8$

⑮ $(x+4)\times(-1)=x\times(-1)+4\times(-1)$
$=-x-4$

⑯ $(3b+2)\times(-8)=3b\times(-8)+2\times(-8)$
$=-24b-16$

⑰ $(-x+1)\times(-2)=(-x)\times(-2)+1\times(-2)$
$=2x-2$

⑱ $(-5x+3)\times(-4)=(-5x)\times(-4)+3\times(-4)$
$=20x-12$

⑲ $(9a-2)\times(-3)=9a\times(-3)-2\times(-3)$
$=-27a+6$

⑳ $(-11x-6)\times(-5)$
$=(-11x)\times(-5)-6\times(-5)$
$=55x+30$

㉑ $3\left(\frac{1}{4}x+1\right)=3\times\frac{1}{4}x+3\times 1=\frac{3}{4}x+3$

㉒ $-\frac{1}{2}(8x+6)=\left(-\frac{1}{2}\right)\times 8x+\left(-\frac{1}{2}\right)\times 6$
$=-4x-3$

㉓ $\frac{4}{5}(-10y-15)=\frac{4}{5}\times(-10y)-\frac{4}{5}\times 15$
$=-8y-12$

㉔ $12\left(\frac{3}{4}x-\frac{1}{6}\right)=12\times\frac{3}{4}x-12\times\frac{1}{6}$
$=9x-2$

㉕ $-\frac{3}{7}\left(-14a-\frac{2}{3}\right)$
$=\left(-\frac{3}{7}\right)\times(-14a)-\left(-\frac{3}{7}\right)\times\frac{2}{3}$
$=6a+\frac{2}{7}$

㉖ $\left(x+\frac{1}{2}\right)\times(-5)$
$=x\times(-5)+\frac{1}{2}\times(-5)$
$=-5x-\frac{5}{2}$

㉗ $\left(\frac{7}{2}b-5\right)\times 4=\frac{7}{2}b\times 4-5\times 4$
$=14b-20$

㉘ $(-6x-3)\times\frac{1}{3}=(-6x)\times\frac{1}{3}-3\times\frac{1}{3}$
$=-2x-1$

㉙ $\left(\frac{4}{3}x-8\right)\times\frac{5}{4}=\frac{4}{3}x\times\frac{5}{4}-8\times\frac{5}{4}$
$=\frac{5}{3}x-10$

㉚ $\left(\frac{3}{5}y-\frac{3}{2}\right)\times(-10)$
$=\frac{3}{5}y\times(-10)-\frac{3}{2}\times(-10)$
$=-6y+15$

㉜ $(12b+15)\div 3=(12b+15)\times\frac{1}{3}$
$=12b\times\frac{1}{3}+15\times\frac{1}{3}$
$=4b+5$

㉝ $(-4x+10)\div 2=(-4x+10)\times\frac{1}{2}$
$=(-4x)\times\frac{1}{2}+10\times\frac{1}{2}$
$=-2x+5$

㉞ $(-3x+5)\div 6=(-3x+5)\times\frac{1}{6}$
$=(-3x)\times\frac{1}{6}+5\times\frac{1}{6}$
$=-\frac{1}{2}x+\frac{5}{6}$

㉟ $(2y-8)\div 6=(2y-8)\times\frac{1}{6}$
$=2y\times\frac{1}{6}-8\times\frac{1}{6}$
$=\frac{1}{3}y-\frac{4}{3}$

㊱ $(-x-1)\div 5=(-x-1)\times\frac{1}{5}$
$=(-x)\times\frac{1}{5}-1\times\frac{1}{5}$
$=-\frac{1}{5}x-\frac{1}{5}$

㊲ $(-45a-27)\div 15=(-45a-27)\times\frac{1}{15}$
$=(-45a)\times\frac{1}{15}-27\times\frac{1}{15}$
$=-3a-\frac{9}{5}$

㊳ $(10-36x)\div 6=(10-36x)\times\frac{1}{6}$
$=10\times\frac{1}{6}-36x\times\frac{1}{6}$
$=\frac{5}{3}-6x$

㊴ $(6x+4)\div(-2)=(6x+4)\times\left(-\frac{1}{2}\right)$
$=6x\times\left(-\frac{1}{2}\right)+4\times\left(-\frac{1}{2}\right)$
$=-3x-2$

㊵ $(x+2)\div(-5)=(x+2)\times\left(-\frac{1}{5}\right)$
$=x\times\left(-\frac{1}{5}\right)+2\times\left(-\frac{1}{5}\right)$
$=-\frac{1}{5}x-\frac{2}{5}$

㊶ $(16x+2)\div(-4)=(16x+2)\times\left(-\frac{1}{4}\right)$
$=16x\times\left(-\frac{1}{4}\right)+2\times\left(-\frac{1}{4}\right)$
$=-4x-\frac{1}{2}$

㊷ $(-x+2)\div(-10)$
$=(-x+2)\times\left(-\frac{1}{10}\right)$
$=(-x)\times\left(-\frac{1}{10}\right)+2\times\left(-\frac{1}{10}\right)$
$=\frac{1}{10}x-\frac{1}{5}$

㊸ $(-2x+8)\div(-2)$
$=(-2x+8)\times\left(-\frac{1}{2}\right)$
$=(-2x)\times\left(-\frac{1}{2}\right)+8\times\left(-\frac{1}{2}\right)$
$=x-4$

㊹ $(-21x+35)\div(-7)$
$=(-21x+35)\times\left(-\frac{1}{7}\right)$
$=(-21x)\times\left(-\frac{1}{7}\right)+35\times\left(-\frac{1}{7}\right)$
$=3x-5$

㊺ $(x-12)\div(-4)=(x-12)\times\left(-\frac{1}{4}\right)$
$=x\times\left(-\frac{1}{4}\right)-12\times\left(-\frac{1}{4}\right)$
$=-\frac{1}{4}x+3$

㊻ $(15x-6)\div(-3)=(15x-6)\times\left(-\frac{1}{3}\right)$
$=15x\times\left(-\frac{1}{3}\right)-6\times\left(-\frac{1}{3}\right)$
$=-5x+2$

㊼ $(33-22x)\div(-11)$
$=(33-22x)\times\left(-\frac{1}{11}\right)$
$=33\times\left(-\frac{1}{11}\right)-22x\times\left(-\frac{1}{11}\right)$
$=-3+2x$

㊽ $(-3x-4)\div(-6)$
$=(-3x-4)\times\left(-\frac{1}{6}\right)$
$=(-3x)\times\left(-\frac{1}{6}\right)-4\times\left(-\frac{1}{6}\right)$
$=\frac{1}{2}x+\frac{2}{3}$

㊾ $(-12x-4)\div(-8)$
$=(-12x-4)\times\left(-\frac{1}{8}\right)$
$=(-12x)\times\left(-\frac{1}{8}\right)-4\times\left(-\frac{1}{8}\right)$
$=\frac{3}{2}x+\frac{1}{2}$

㊿ $(-7-2x)\div(-3)$
$=(-7-2x)\times\left(-\frac{1}{3}\right)$
$=(-7)\times\left(-\frac{1}{3}\right)-2x\times\left(-\frac{1}{3}\right)$
$=\frac{7}{3}+\frac{2}{3}x$

51 $\left(\frac{1}{2}x+6\right)\div3=\left(\frac{1}{2}x+6\right)\times\frac{1}{3}$
$=\frac{1}{2}x\times\frac{1}{3}+6\times\frac{1}{3}$
$=\frac{1}{6}x+2$

52 $\left(-4x+\frac{7}{5}\right)\div14=\left(-4x+\frac{7}{5}\right)\times\frac{1}{14}$
$=(-4x)\times\frac{1}{14}+\frac{7}{5}\times\frac{1}{14}$
$=-\frac{2}{7}x+\frac{1}{10}$

53 $(3x+12)\div\frac{1}{6}=(3x+12)\times6$
$=3x\times6+12\times6$
$=18x+72$

54 $(5x-20)\div\frac{5}{3}=(5x-20)\times\frac{3}{5}$
$=5x\times\frac{3}{5}-20\times\frac{3}{5}$
$=3x-12$

55 $\left(\frac{4}{3}x+\frac{6}{5}\right)\div12=\left(\frac{4}{3}x+\frac{6}{5}\right)\times\frac{1}{12}$
$=\frac{4}{3}x\times\frac{1}{12}+\frac{6}{5}\times\frac{1}{12}$
$=\frac{1}{9}x+\frac{1}{10}$

56 $\left(-12x-\frac{4}{7}\right)\div\frac{2}{7}=\left(-12x-\frac{4}{7}\right)\times\frac{7}{2}$
$=(-12x)\times\frac{7}{2}-\frac{4}{7}\times\frac{7}{2}$
$=-42x-2$

57 $\left(-8x+\frac{9}{2}\right)\div(-4)$
$=\left(-8x+\frac{9}{2}\right)\times\left(-\frac{1}{4}\right)$
$=(-8x)\times\left(-\frac{1}{4}\right)+\frac{9}{2}\times\left(-\frac{1}{4}\right)$
$=2x-\frac{9}{8}$

58 $(-x+2)\div\left(-\frac{1}{2}\right)$
$=(-x+2)\times(-2)$
$=(-x)\times(-2)+2\times(-2)$
$=2x-4$

59 $(6-3x)\div\left(-\frac{3}{5}\right)$
$=(6-3x)\times\left(-\frac{5}{3}\right)$
$=6\times\left(-\frac{5}{3}\right)-3x\times\left(-\frac{5}{3}\right)$
$=-10+5x$

60 $\left(\frac{3}{2}x-\frac{2}{3}\right)\div(-6)$
$=\left(\frac{3}{2}x-\frac{2}{3}\right)\times\left(-\frac{1}{6}\right)$
$=\frac{3}{2}x\times\left(-\frac{1}{6}\right)-\frac{2}{3}\times\left(-\frac{1}{6}\right)$
$=-\frac{1}{4}x+\frac{1}{9}$

61 $\left(4x-\frac{9}{2}\right)\div\left(-\frac{9}{4}\right)$
$=\left(4x-\frac{9}{2}\right)\times\left(-\frac{4}{9}\right)$
$=4x\times\left(-\frac{4}{9}\right)-\frac{9}{2}\times\left(-\frac{4}{9}\right)$
$=-\frac{16}{9}x+2$

62 $\left(-2+\frac{7}{4}x\right)\div\left(-\frac{1}{8}\right)$
$=\left(-2+\frac{7}{4}x\right)\times(-8)$
$=(-2)\times(-8)+\frac{7}{4}x\times(-8)$
$=16-14x$

06 동류항 / 동류항의 덧셈과 뺄셈

42쪽

❶ 문자, 차수 / 동류항이 아닙니다
❷ 문자, 차수 / 동류항입니다
❸ 문자, 차수 / 동류항이 아닙니다
❹ ×
❺ ○
❻ ○
❼ ○

43쪽

❽ ×
❾ ×
❿ ○
⓫ ×
⓬ ○
⓭ ○
⓮ $3x$, -1
⓯ x와 $2x$
⓰ $3a$와 $-a$, $2b$와 $6b$
⓱ $-x^2$과 $2x^2$, $6x$와 $-3x$
⓲ $\frac{1}{2}x$와 $\frac{3}{4}x$, -4와 -3

44쪽

⓳ 5, 7
⓴ $10a$
㉑ $17x$
㉒ $-3x$
㉓ 8, -4
㉔ $6x$
㉕ $-7y$
㉖ $-21x$

45쪽

㉗ 3, 4, 9
㉘ $8x$
㉙ $12x$
㉚ $-4y$
㉛ $4x$
㉜ $-16x$
㉝ 2, 3, 2, 3, 6, 3
㉞ $11x+1$
㉟ $2a-2$
㊱ $-8x+y$
㊲ $2x-y$
㊳ $-15y-3$

46쪽

㊴ 4, 7, 4, 7, 7, 9
㊵ $6a+5$
㊶ $-y+3$
㊷ $-4x+1$
㊸ $-8b+20$
㊹ $6x+4y$
㊺ $2x+7y$
㊻ $8a-6b$
㊼ $-7x+9y$
㊽ $3x-5$
㊾ $-4a+3$

47쪽

❗ 계산 결과를 가분수 또는 기약분수로 나타내지 않아도 정답으로 인정합니다.

㊿ $3y$
51 $-\frac{1}{3}x$
52 $\frac{3}{4}a$
53 $\frac{7}{3}x$
54 $\frac{3}{10}x-1$
55 $\frac{1}{3}a+\frac{1}{7}b$
56 $\frac{5}{2}a+3$
57 $-x+2$
58 $-10x-1$
59 $\frac{19}{12}x$
60 $\frac{1}{5}x+\frac{1}{6}y$
61 $a-\frac{5}{18}b$

⓴ $a+9a=(1+9)a=10a$

㉑ $13x+4x=(13+4)x=17x$

㉒ $-6x+3x=(-6+3)x=-3x$

㉔ $7x-x=(7-1)x=6x$

㉕ $8y-15y=(8-15)y=-7y$

㉖ $-12x-9x=(-12-9)x=-21x$

㉘ $5x+x+2x=(5+1+2)x=8x$

㉙ $-3x+6x+9x=(-3+6+9)x=12x$

㉚ $y-7y+2y=(1-7+2)y=-4y$

㉛ $-2x+10x-4x=(-2+10-4)x=4x$

㉜ $4x-9x-11x=(4-9-11)x=-16x$

㉞ $3x+8x+1=(3+8)x+1=11x+1$

㉟ $7a-2-5a=7a-5a-2$
$=(7-5)a-2$
$=2a-2$

㊱ $4x+y-12x=4x-12x+y$
$=(4-12)x+y$
$=-8x+y$

㊲ $-6x-y+8x=-6x+8x-y$
$=(-6+8)x-y$
$=2x-y$

㊳ $3-15y-6=-15y+3-6=-15y-3$

㊵ $a+5a+9-4=(1+5)a+9-4$
$=6a+5$

㊶ $-8y+1+7y+2=-8y+7y+1+2$
$=(-8+7)y+1+2$
$=-y+3$

㊷ $2x-2-6x+3=2x-6x-2+3$
$=(2-6)x-2+3$
$=-4x+1$

㊸ $9-3b-5b+11=-3b-5b+9+11$
$=(-3-5)b+9+11$
$=-8b+20$

㊹ $4x+y+2x+3y=4x+2x+y+3y$
$=(4+2)x+(1+3)y$
$=6x+4y$

㊺ $-x+9y+3x-2y=-x+3x+9y-2y$
$=(-1+3)x+(9-2)y$
$=2x+7y$

㊻ $11a-2b-3a-4b=11a-3a-2b-4b$
$=(11-3)a+(-2-4)b$
$=8a-6b$

㊼ $3y-2x-5x+6y=-2x-5x+3y+6y$
$=(-2-5)x+(3+6)y$
$=-7x+9y$

㊽ $x-2x+4x-5=(1-2+4)x-5$
$=3x-5$

㊾ $-7a+3+5a-2a=-7a+5a-2a+3$
$=(-7+5-2)a+3$
$=-4a+3$

㊿ $\frac{1}{2}y+\frac{5}{2}y=\left(\frac{1}{2}+\frac{5}{2}\right)y=3y$

(51) $\frac{2}{3}x-x=\left(\frac{2}{3}-1\right)x$
$=\left(\frac{2}{3}-\frac{3}{3}\right)x$
$=-\frac{1}{3}x$

(52) $-\frac{3}{4}a+2a-\frac{1}{2}a=\left(-\frac{3}{4}+2-\frac{1}{2}\right)a$
$=\left(-\frac{3}{4}+\frac{8}{4}-\frac{2}{4}\right)a$
$=\frac{3}{4}a$

(53) $\frac{1}{6}x+\frac{3}{2}x+\frac{2}{3}x=\left(\frac{1}{6}+\frac{3}{2}+\frac{2}{3}\right)x$
$=\left(\frac{1}{6}+\frac{9}{6}+\frac{4}{6}\right)x$
$=\frac{7}{3}x$

(54) $\frac{2}{5}x-1-\frac{1}{10}x=\frac{2}{5}x-\frac{1}{10}x-1$
$=\left(\frac{2}{5}-\frac{1}{10}\right)x-1$
$=\left(\frac{4}{10}-\frac{1}{10}\right)x-1$
$=\frac{3}{10}x-1$

(55) $-\frac{6}{7}b+\frac{1}{3}a+b=\frac{1}{3}a-\frac{6}{7}b+b$
$=\frac{1}{3}a+\left(-\frac{6}{7}+1\right)b$
$=\frac{1}{3}a+\left(-\frac{6}{7}+\frac{7}{7}\right)b$
$=\frac{1}{3}a+\frac{1}{7}b$

56 $3a+2-\frac{1}{2}a+1=3a-\frac{1}{2}a+2+1$
$=\left(3-\frac{1}{2}\right)a+2+1$
$=\left(\frac{6}{2}-\frac{1}{2}\right)a+2+1$
$=\frac{5}{2}a+3$

57 $\frac{2}{5}x+4-\frac{7}{5}x-2=\frac{2}{5}x-\frac{7}{5}x+4-2$
$=\left(\frac{2}{5}-\frac{7}{5}\right)x+4-2$
$=-x+2$

58 $-4x+\frac{1}{3}-6x-\frac{4}{3}=-4x-6x+\frac{1}{3}-\frac{4}{3}$
$=(-4-6)x+\frac{1}{3}-\frac{4}{3}$
$=-10x-1$

59 $\frac{1}{4}x+2y+\frac{4}{3}x-2y=\frac{1}{4}x+\frac{4}{3}x+2y-2y$
$=\left(\frac{1}{4}+\frac{4}{3}\right)x+(2-2)y$
$=\left(\frac{3}{12}+\frac{16}{12}\right)x$
$=\frac{19}{12}x$

60 $-x+2y+\frac{6}{5}x-\frac{11}{6}y$
$=-x+\frac{6}{5}x+2y-\frac{11}{6}y$
$=\left(-1+\frac{6}{5}\right)x+\left(2-\frac{11}{6}\right)y$
$=\left(-\frac{5}{5}+\frac{6}{5}\right)x+\left(\frac{12}{6}-\frac{11}{6}\right)y$
$=\frac{1}{5}x+\frac{1}{6}y$

61 $-\frac{1}{3}a-\frac{4}{9}b+\frac{1}{6}b+\frac{4}{3}a$
$=-\frac{1}{3}a+\frac{4}{3}a-\frac{4}{9}b+\frac{1}{6}b$
$=\left(-\frac{1}{3}+\frac{4}{3}\right)a+\left(-\frac{4}{9}+\frac{1}{6}\right)b$
$=a+\left(-\frac{8}{18}+\frac{3}{18}\right)b$
$=a-\frac{5}{18}b$

07 일차식의 덧셈과 뺄셈

48쪽

❗계산 결과를 가분수 또는 기약분수로 나타내지 않아도 정답으로 인정합니다.

1 2, 3, 3, 2, 4, 1
2 $11x+7$
3 $7x+6$
4 $-2x+10$
5 $9x-6$
6 $x-1$
7 $\frac{3}{2}x+2$

49쪽

❗계산 결과를 가분수 또는 기약분수로 나타내지 않아도 정답으로 인정합니다.

8 x, 4, x, 4, 5, 5
9 $-x-2$
10 $2x-2$
11 $-4x-6$
12 $3x+9$
13 -9
14 $-3x+6$
15 $-8x+10$
16 $7x-6$
17 $2x+9$
18 $9x-7$
19 $-\frac{5}{3}x+\frac{5}{4}$

50쪽

20 6, 4, 6, 4, 7, 6
21 $9x+20$
22 $10x-2$
23 $5x-6$
24 $2x+8$
25 $-4x-5$
26 $10x-2$
27 $22x+21$
28 $-x+6$
29 $-7x+9$
30 $4x-8$

51쪽

31 6, 9, 6, 9, -5, 3
32 $-x-15$
33 $-5x-7$
34 $x+9$
35 $-10x-11$
36 $-5x-1$
37 $3x+60$
38 $9x-10$
39 $10x+1$
40 $-12x+7$
41 $-x+9$
42 $5x+4$

52쪽 ❶ 계산 결과를 가분수 또는 기약분수로 나타내지 않아도 정답으로 인정합니다.

43 2, 1, 2, 1, 5, 2
44 $3x+3$
45 $15x-4$
46 $6x+2$
47 $\frac{14}{3}x+4$
48 $-4x+11$
49 $3x+4$
50 $13x+12$
51 $-\frac{19}{12}x+\frac{2}{3}$
52 $-\frac{7}{2}x+5$

53쪽 ❶ 계산 결과를 가분수 또는 기약분수로 나타내지 않아도 정답으로 인정합니다.

53 3, 2, 3, 2, 2, 2
54 $3x-5$
55 $-\frac{7}{2}x-10$
56 $-x-2$
57 23
58 $-3x+3$
59 $-\frac{14}{5}x-\frac{7}{5}$
60 $8x-3$
61 $-2x+\frac{3}{10}$
62 $x-5$

2 $(2x+7)+9x=2x+7+9x$
$=2x+9x+7$
$=11x+7$

3 $(x+2)+(6x+4)=x+2+6x+4$
$=x+6x+2+4$
$=7x+6$

4 $(-3x+4)+(x+6)=-3x+4+x+6$
$=-3x+x+4+6$
$=-2x+10$

5 $(7x-1)+(2x-5)=7x-1+2x-5$
$=7x+2x-1-5$
$=9x-6$

6 $(2-4x)+(5x-3)=2-4x+5x-3$
$=-4x+5x+2-3$
$=x-1$

7 $\left(\frac{1}{4}x+4\right)+\left(\frac{5}{4}x-2\right)=\frac{1}{4}x+4+\frac{5}{4}x-2$
$=\frac{1}{4}x+\frac{5}{4}x+4-2$
$=\frac{3}{2}x+2$

9 $3x-(4x+2)=3x-4x-2$
$=-x-2$

10 $(3x+7)-(x+9)=3x+7-x-9$
$=3x-x+7-9$
$=2x-2$

11 $(x-3)-(5x+3)=x-3-5x-3$
$=x-5x-3-3$
$=-4x-6$

12 $(9x+5)-(6x-4)=9x+5-6x+4$
$=9x-6x+5+4$
$=3x+9$

13 $(4x-3)-(4x+6)=4x-3-4x-6$
$=4x-4x-3-6$
$=-9$

14 $(-x+7)-(2x+1)=-x+7-2x-1$
$=-x-2x+7-1$
$=-3x+6$

15 $(-5x+4)-(3x-6)=-5x+4-3x+6$
$=-5x-3x+4+6$
$=-8x+10$

16 $(x-1)-(-6x+5)=x-1+6x-5$
$=x+6x-1-5$
$=7x-6$

17 $(x+7)-(-x-2)=x+7+x+2$
$=x+x+7+2$
$=2x+9$

18 $(2x-4)-(-7x+3)=2x-4+7x-3$
$=2x+7x-4-3$
$=9x-7$

19 $\left(\frac{2}{3}x+\frac{1}{2}\right)-\left(\frac{7}{3}x-\frac{3}{4}\right)$
$=\frac{2}{3}x+\frac{1}{2}-\frac{7}{3}x+\frac{3}{4}$
$=\frac{2}{3}x-\frac{7}{3}x+\frac{1}{2}+\frac{3}{4}$
$=-\frac{5}{3}x+\frac{2}{4}+\frac{3}{4}$
$=-\frac{5}{3}x+\frac{5}{4}$

㉑ $5(x+4)+4x=5x+20+4x$
$=5x+4x+20$
$=9x+20$

㉒ $-2x+2(6x-1)=-2x+12x-2$
$=10x-2$

㉓ $3(x-5)+(2x+9)=3x-15+2x+9$
$=3x+2x-15+9$
$=5x-6$

㉔ $(7x+3)+5(-x+1)=7x+3-5x+5$
$=7x-5x+3+5$
$=2x+8$

㉕ $-(5x+1)+(x-4)=-5x-1+x-4$
$=-5x+x-1-4$
$=-4x-5$

㉖ $-4(2-2x)+(2x+6)=-8+8x+2x+6$
$=8x+2x-8+6$
$=10x-2$

㉗ $2(x+8)+5(4x+1)=2x+16+20x+5$
$=2x+20x+16+5$
$=22x+21$

㉘ $-3(7x-4)+2(10x-3)$
$=-21x+12+20x-6$
$=-21x+20x+12-6$
$=-x+6$

㉙ $5(-3x+1)+2(2+4x)=-15x+5+4+8x$
$=-15x+8x+5+4$
$=-7x+9$

㉚ $6\left(\frac{5}{12}x+2\right)+4\left(\frac{3}{8}x-5\right)$
$=\frac{5}{2}x+12+\frac{3}{2}x-20$
$=\frac{5}{2}x+\frac{3}{2}x+12-20$
$=4x-8$

㉜ $2x-3(x+5)=2x-3x-15$
$=-x-15$

㉝ $(3x-3)-2(4x+2)=3x-3-8x-4$
$=3x-8x-3-4$
$=-5x-7$

㉞ $7(x+2)-(6x+5)=7x+14-6x-5$
$=7x-6x+14-5$
$=x+9$

㉟ $(-4x+1)-6(x+2)=-4x+1-6x-12$
$=-4x-6x+1-12$
$=-10x-11$

㊱ $-(2x-3)-(3x+4)=-2x+3-3x-4$
$=-2x-3x+3-4$
$=-5x-1$

㊲ $7(x+8)-4(x-1)=7x+56-4x+4$
$=7x-4x+56+4$
$=3x+60$

㊳ $3(5x-2)-2(3x+2)=15x-6-6x-4$
$=15x-6x-6-4$
$=9x-10$

㊴ $4(x+4)-3(-2x+5)=4x+16+6x-15$
$=4x+6x+16-15$
$=10x+1$

㊵ $-(8x+5)-4(x-3)=-8x-5-4x+12$
$=-8x-4x-5+12$
$=-12x+7$

㊶ $-2(3x-7)-5(1-x)=-6x+14-5+5x$
$=-6x+5x+14-5$
$=-x+9$

㊷ $4\left(\frac{3}{2}x+\frac{1}{8}\right)-3\left(\frac{1}{3}x-\frac{7}{6}\right)=6x+\frac{1}{2}-x+\frac{7}{2}$
$=6x-x+\frac{1}{2}+\frac{7}{2}$
$=5x+4$

㊹ $\frac{1}{3}(6x+9)+x=2x+3+x$
$=2x+x+3$
$=3x+3$

㊺ $7x+\frac{4}{5}(10x-5)=7x+8x-4$
$=15x-4$

㊻ $\frac{1}{6}(12x+6)+(4x+1)=2x+1+4x+1$
$=2x+4x+1+1$
$=6x+2$

⑰ $(2x-8)+\frac{4}{3}(2x+9)=2x-8+\frac{8}{3}x+12$
$=2x+\frac{8}{3}x-8+12$
$=\frac{6}{3}x+\frac{8}{3}x-8+12$
$=\frac{14}{3}x+4$

㊽ $-\frac{1}{2}(10x-8)+(x+7)=-5x+4+x+7$
$=-5x+x+4+7$
$=-4x+11$

㊾ $\frac{1}{4}(8x+4)+\frac{1}{3}(3x+9)=2x+1+x+3$
$=2x+x+1+3$
$=3x+4$

㊿ $\frac{2}{7}(14x-21)+\frac{3}{2}(6x+12)=4x-6+9x+18$
$=4x+9x-6+18$
$=13x+12$

51 $-\frac{1}{4}(5x-4)+\frac{1}{3}(-x-1)$
$=-\frac{5}{4}x+1-\frac{1}{3}x-\frac{1}{3}$
$=-\frac{5}{4}x-\frac{1}{3}x+1-\frac{1}{3}$
$=-\frac{15}{12}x-\frac{4}{12}x+\frac{3}{3}-\frac{1}{3}$
$=-\frac{19}{12}x+\frac{2}{3}$

52 $-(2x+4)+\frac{3}{8}(24-4x)=-2x-4+9-\frac{3}{2}x$
$=-2x-\frac{3}{2}x-4+9$
$=-\frac{4}{2}x-\frac{3}{2}x-4+9$
$=-\frac{7}{2}x+5$

54 $7x-\frac{1}{2}(8x+10)=7x-4x-5$
$=3x-5$

55 $-3-\frac{7}{6}(3x+6)=-3-\frac{7}{2}x-7$
$=-\frac{7}{2}x-3-7$
$=-\frac{7}{2}x-10$

56 $\frac{1}{4}(4x+12)-(2x+5)=x+3-2x-5$
$=x-2x+3-5$
$=-x-2$

57 $(12x+7)-\frac{4}{5}(15x-20)=12x+7-12x+16$
$=12x-12x+7+16$
$=23$

58 $\frac{1}{3}(3x+12)-\frac{1}{2}(8x+2)=x+4-4x-1$
$=x-4x+4-1$
$=-3x+3$

59 $\frac{1}{5}(-2x-1)-\frac{3}{5}(4x+2)$
$=-\frac{2}{5}x-\frac{1}{5}-\frac{12}{5}x-\frac{6}{5}$
$=-\frac{2}{5}x-\frac{12}{5}x-\frac{1}{5}-\frac{6}{5}$
$=-\frac{14}{5}x-\frac{7}{5}$

60 $\frac{3}{2}(2x+3)-\frac{5}{4}(-4x+6)$
$=3x+\frac{9}{2}+5x-\frac{15}{2}$
$=3x+5x+\frac{9}{2}-\frac{15}{2}$
$=8x-3$

61 $-\frac{1}{10}(5x+2)-\frac{1}{6}(9x-3)$
$=-\frac{1}{2}x-\frac{1}{5}-\frac{3}{2}x+\frac{1}{2}$
$=-\frac{1}{2}x-\frac{3}{2}x-\frac{1}{5}+\frac{1}{2}$
$=-2x-\frac{2}{10}+\frac{5}{10}$
$=-2x+\frac{3}{10}$

62 $-\left(3-\frac{5}{3}x\right)-\frac{1}{6}(4x+12)$
$=-3+\frac{5}{3}x-\frac{2}{3}x-2$
$=\frac{5}{3}x-\frac{2}{3}x-3-2$
$=x-5$

08 일차식과 그 계산 평가

54쪽

❶ a, -1 / -1 / 1

❷ $2x$, $-y$, 5 / 5 / -1

❸ $-\frac{x^2}{2}$, $4x$, -3 / -3 / $-\frac{1}{2}$

❹ ㄴ, ㄷ

❺ ㄱ, ㅂ

❻ ㄴ, ㄹ, ㅁ, ㅇ

55쪽

❗계산 결과를 가분수 또는 기약분수로 나타내지 않아도 정답으로 인정합니다.

❼ x와 $2x$

❽ $5a$와 $-4a$, -1과 6

❾ $-0.5x^2$과 $-10x^2$, $3x$와 $5x$

❿ $\frac{b}{4}$와 $-\frac{2}{3}b$, 7과 1

⓫ $12x$

⓬ $-5a$

⓭ $-\frac{7}{2}x$

⓮ $16b$

⓯ $-\frac{20}{9}y$

56쪽

❗계산 결과를 가분수 또는 기약분수로 나타내지 않아도 정답으로 인정합니다.

⓰ $12a-3$

⓱ $4b+\frac{3}{2}$

⓲ $7x-35$

⓳ $-\frac{2}{5}p+\frac{7}{2}$

⓴ $\frac{15}{2}x+\frac{1}{2}$

㉑ $-3x$

㉒ $7y$

㉓ $2x+3$

㉔ $\frac{10}{3}a-2$

㉕ $-\frac{7}{12}x+2y$

57쪽

❗계산 결과를 가분수 또는 기약분수로 나타내지 않아도 정답으로 인정합니다.

㉖ $5x+9$

㉗ $-11x+3$

㉘ $8x-6$

㉙ $2x+3$

㉚ $4x+7$

㉛ $-4x-4$

㉜ $-x-22$

㉝ $9x-1$

㉞ $-4x+11$

㉟ $2x-\frac{34}{3}$

⓫ $6\times 2x=6\times 2\times x$
$=12x$

⓬ $(-15a)\div 3=(-15)\times a\times\frac{1}{3}$
$=(-15)\times\frac{1}{3}\times a$
$=-5a$

⓭ $\frac{1}{4}x\times(-14)=\frac{1}{4}\times x\times(-14)$
$=\frac{1}{4}\times(-14)\times x$
$=-\frac{7}{2}x$

⓮ $(-20b)\div\left(-\frac{5}{4}\right)=(-20)\times b\times\left(-\frac{4}{5}\right)$
$=(-20)\times\left(-\frac{4}{5}\right)\times b$
$=16b$

⓯ $\frac{15}{2}y\times\left(-\frac{8}{27}\right)=\frac{15}{2}\times y\times\left(-\frac{8}{27}\right)$
$=\frac{15}{2}\times\left(-\frac{8}{27}\right)\times y$
$=-\frac{20}{9}y$

⓰ $3(4a-1)=3\times 4a-3\times 1=12a-3$

⓱ $(8b+3)\div 2=(8b+3)\times\frac{1}{2}$
$=8b\times\frac{1}{2}+3\times\frac{1}{2}$
$=4b+\frac{3}{2}$

⓲ $(-x+5)\times(-7)=-x\times(-7)+5\times(-7)$
$=7x-35$

⓳ $\left(\frac{6}{5}p-\frac{21}{2}\right)\div(-3)$
$=\left(\frac{6}{5}p-\frac{21}{2}\right)\times\left(-\frac{1}{3}\right)$
$=\frac{6}{5}p\times\left(-\frac{1}{3}\right)-\frac{21}{2}\times\left(-\frac{1}{3}\right)$
$=-\frac{2}{5}p+\frac{7}{2}$

⓴ $-\frac{5}{8}\left(-12x-\frac{4}{5}\right)$
$=\left(-\frac{5}{8}\right)\times(-12x)-\left(-\frac{5}{8}\right)\times\frac{4}{5}$
$=\frac{15}{2}x+\frac{1}{2}$

㉑ $-11x+8x=(-11+8)x=-3x$

㉒ $2y-4y+9y=(2-4+9)y=7y$

㉓ $-3x+2+5x+1=-3x+5x+2+1$
$=(-3+5)x+2+1$
$=2x+3$

㉔ $7a-4-\frac{11}{3}a+2=7a-\frac{11}{3}a-4+2$
$=\left(7-\frac{11}{3}\right)a-4+2$
$=\left(\frac{21}{3}-\frac{11}{3}\right)a-4+2$
$=\frac{10}{3}a-2$

㉕ $\frac{1}{6}x+5y-\frac{3}{4}x-3y=\frac{1}{6}x-\frac{3}{4}x+5y-3y$
$=\left(\frac{1}{6}-\frac{3}{4}\right)x+(5-3)y$
$=\left(\frac{2}{12}-\frac{9}{12}\right)x+2y$
$=-\frac{7}{12}x+2y$

㉖ $(x+6)+(4x+3)=x+6+4x+3$
$=x+4x+6+3$
$=5x+9$

㉗ $(-7x+2)-(4x-1)=-7x+2-4x+1$
$=-7x-4x+2+1$
$=-11x+3$

㉘ $(3x-2)-(-5x+4)=3x-2+5x-4$
$=3x+5x-2-4$
$=8x-6$

㉙ $\left(\frac{2}{3}x+8\right)+\left(\frac{4}{3}x-5\right)=\frac{2}{3}x+8+\frac{4}{3}x-5$
$=\frac{2}{3}x+\frac{4}{3}x+8-5$
$=2x+3$

㉚ $(6x+1)+2(-x+3)=6x+1-2x+6$
$=6x-2x+1+6$
$=4x+7$

㉛ $-2(8x-2)+4(3x-2)=-16x+4+12x-8$
$=-16x+12x+4-8$
$=-4x-4$

㉜ $7(2x-1)-5(3x+3)=14x-7-15x-15$
$=14x-15x-7-15$
$=-x-22$

㉝ $-3(4x-2)-7(1-3x)=-12x+6-7+21x$
$=-12x+21x+6-7$
$=9x-1$

㉞ $-\frac{1}{4}(24x-8)+(2x+9)=-6x+2+2x+9$
$=-6x+2x+2+9$
$=-4x+11$

㉟ $\frac{1}{6}(3x+4)-\frac{3}{2}(-x+8)$
$=\frac{1}{2}x+\frac{2}{3}+\frac{3}{2}x-12$
$=\frac{1}{2}x+\frac{3}{2}x+\frac{2}{3}-12$
$=2x+\frac{2}{3}-\frac{36}{3}$
$=2x-\frac{34}{3}$

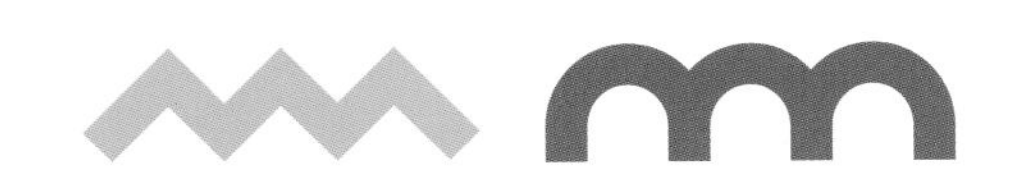

09 등식 / 방정식과 그 해 / 항등식

60쪽

❶ ×
❷ ○
❸ ○
❹ ×
❺ ○
❻ ×
❼ ×
❽ ○

61쪽

❾ $3x+2$ / 17 / $3x+2=17$
❿ $1500x$ / 12000 / $1500x=12000$
⓫ $80-9x$ / 8 / $80-9x=8$
⓬ $2(x+y)$ / 14 / $2(x+y)=14$

62쪽

⓭ ×, ○, × / 2
⓮ ×, ×, ○ / $x=3$
⓯ ○, ×, × / $x=1$
⓰ ×, ○, × / $x=2$

63쪽

⓱ ×, ○, × / $x=4$
⓲ ×, ○, × / $x=-1$
⓳ ○, ×, × / $x=-1$
⓴ ×
㉑ ○
㉒ ×
㉓ ○
㉔ ○
㉕ ×

64쪽

㉖ ○, ○, ○
㉗ ○, ○, ○
㉘ ○, ○, ○
㉙ ○, ○, ○

65쪽

㉚ ○ / $4x$, $4x$
㉛ ○
㉜ ×
㉝ ○
㉞ ○
㉟ ×
㊱ ×
㊲ ○
㊳ ×
㊴ ○
㊵ ×
㊶ ×

⓭ 방정식 $x-1=1$에
$x=1$을 대입하면 $\underbrace{1-1}_{=0}\neq 1$ (거짓)
$x=2$를 대입하면 $2-1=1$ (참)
$x=3$을 대입하면 $\underbrace{3-1}_{=2}\neq 1$ (거짓)
따라서 방정식의 해는 $x=2$입니다.

⓮ 방정식 $-x+3=0$에
$x=1$을 대입하면 $\underbrace{-1+3}_{=2}\neq 0$ (거짓)
$x=2$를 대입하면 $\underbrace{-2+3}_{=1}\neq 0$ (거짓)
$x=3$을 대입하면 $-3+3=0$ (참)
따라서 방정식의 해는 $x=3$입니다.

⓯ 방정식 $2x+1=3$에
$x=1$을 대입하면 $2\times1+1=3$ (참)
$x=2$를 대입하면 $\underbrace{2\times2+1}_{=5}\neq 3$ (거짓)
$x=3$을 대입하면 $\underbrace{2\times3+1}_{=7}\neq 3$ (거짓)
따라서 방정식의 해는 $x=1$입니다.

⓰ 방정식 $7-5x=-3$에
$x=1$을 대입하면 $\underbrace{7-5\times1}_{=2}\neq -3$ (거짓)
$x=2$를 대입하면 $7-5\times2=-3$ (참)
$x=3$을 대입하면 $\underbrace{7-5\times3}_{=-8}\neq -3$ (거짓)
따라서 방정식의 해는 $x=2$입니다.

⓱ 방정식 $2x=-x+12$에
$x=3$을 대입하면 $\underbrace{2\times3}_{=6}\neq\underbrace{-3+12}_{=9}$ (거짓)
$x=4$를 대입하면 $\underbrace{2\times4}_{=8}=\underbrace{-4+12}_{=8}$ (참)
$x=5$를 대입하면 $\underbrace{2\times5}_{=10}\neq\underbrace{-5+12}_{=7}$ (거짓)
따라서 방정식의 해는 $x=4$입니다.

⓲ 방정식 $x-2=2x-1$에
$x=-2$를 대입하면 $\underbrace{-2-2}_{=-4}\neq\underbrace{2\times(-2)-1}_{=-5}$ (거짓)
$x=-1$을 대입하면 $\underbrace{-1-2}_{=-3}=\underbrace{2\times(-1)-1}_{=-3}$ (참)
$x=0$을 대입하면 $\underbrace{0-2}_{=-2}\neq\underbrace{2\times0-1}_{=-1}$ (거짓)
따라서 방정식의 해는 $x=-1$입니다.

⑲ 방정식 $-3x+2=2x+7$에

$x=-1$을 대입하면

$\underbrace{-3\times(-1)+2}_{=5}=\underbrace{2\times(-1)+7}_{=5}$ (참)

$x=0$을 대입하면 $\underbrace{-3\times0+2}_{=2}\neq\underbrace{2\times0+7}_{=7}$ (거짓)

$x=1$을 대입하면 $\underbrace{-3\times1+2}_{=-1}\neq\underbrace{2\times1+7}_{=9}$ (거짓)

따라서 방정식의 해는 $x=-1$입니다.

⑳ 방정식 $x-7=10$에 $x=3$을 대입하면

$\underbrace{3-7}_{=-4}\neq10$

따라서 3은 방정식 $x-7=10$의 해가 아닙니다.

㉑ 방정식 $3x+2=8$에 $x=2$를 대입하면

$3\times2+2=8$

따라서 2는 방정식 $3x+2=8$의 해입니다.

㉒ 방정식 $1-7x=6$에 $x=-1$을 대입하면

$\underbrace{1-7\times(-1)}_{=8}\neq6$

따라서 -1은 방정식 $1-7x=6$의 해가 아닙니다.

㉓ 방정식 $2(x+1)=x$에 $x=-2$를 대입하면

$2\times(-2+1)=-2$

따라서 -2는 방정식 $2(x+1)=x$의 해입니다.

㉔ 방정식 $5x+1=2x+7$에 $x=2$를 대입하면

$\underbrace{5\times2+1}_{=11}=\underbrace{2\times2+7}_{=11}$

따라서 2는 방정식 $5x+1=2x+7$의 해입니다.

㉕ 방정식 $\frac{2+y}{5}-4=1$에 $y=5$를 대입하면

$\underbrace{\frac{2+5}{5}-4}_{=-\frac{13}{5}}\neq1$

따라서 5는 방정식 $\frac{2+y}{5}-4=1$의 해가 아닙니다.

㉖ 등식 $x+2=x+2$에

$x=1$을 대입하면 $1+2=1+2$ (참)

$x=2$를 대입하면 $2+2=2+2$ (참)

$x=3$을 대입하면 $3+2=3+2$ (참)

㉗ 등식 $\frac{1}{2}x=\frac{1}{2}x$에

$x=1$을 대입하면 $\frac{1}{2}\times1=\frac{1}{2}\times1$ (참)

$x=2$를 대입하면 $\frac{1}{2}\times2=\frac{1}{2}\times2$ (참)

$x=3$을 대입하면 $\frac{1}{2}\times3=\frac{1}{2}\times3$ (참)

㉘ 등식 $5+x=x+5$에

$x=1$을 대입하면 $5+1=1+5$ (참)

$x=2$를 대입하면 $5+2=2+5$ (참)

$x=3$을 대입하면 $5+3=3+5$ (참)

㉙ 등식 $2x-3=-3+2x$에

$x=1$을 대입하면 $2\times1-3=-3+2\times1$ (참)

$x=2$를 대입하면 $2\times2-3=-3+2\times2$ (참)

$x=3$을 대입하면 $2\times3-3=-3+2\times3$ (참)

㉞ (좌변)$=7x+2x=9x$

(우변)$=9x$

(좌변)=(우변)이므로 항등식입니다.

㉟ (좌변)$=4x-5x=-x$

(우변)$=x$

(좌변)≠(우변)이므로 항등식이 아닙니다.

㊱ (좌변)$=1-x=-x+1$

(우변)$=x-1$

(좌변)≠(우변)이므로 항등식이 아닙니다.

㊲ (좌변)$=3-2x=-2x+3$

(우변)$=-2x+3$

(좌변)=(우변)이므로 항등식입니다.

㊴ (좌변)$=2(x+5)=2x+10$

(우변)$=2x+10$

(좌변)=(우변)이므로 항등식입니다.

㊵ (좌변)$=3x-1$

(우변)$=3(x-1)=3x-3$

(좌변)≠(우변)이므로 항등식이 아닙니다.

㊶ (좌변)$=x-8$

(우변)$=2(x-8)=2x-16$

(좌변)≠(우변)이므로 항등식이 아닙니다.

10 등식의 성질 (1) / 등식의 성질 (2) / 등식의 성질 (3)

66쪽

❶ 5
❷ 1.3
❸ $\frac{1}{2}$
❹ 15
❺ 0.5
❻ $\frac{7}{5}$

67쪽

❗ 계산 결과를 가분수 또는 기약분수로 나타내지 않아도 정답으로 인정합니다.

❼ 9
❽ 12
❾ 1.6
❿ 3
⓫ $\frac{1}{3}$, 3
⓬ 8
⓭ 14
⓮ 0.7
⓯ $\frac{7}{6}$
⓰ 5.7
⓱ 7

68쪽

⓲ 3
⓳ 0.8
⓴ $\frac{3}{4}$
㉑ 22
㉒ 2.6
㉓ $\frac{1}{6}$

69쪽

❗ 계산 결과를 가분수 또는 기약분수로 나타내지 않아도 정답으로 인정합니다.

㉔ 3
㉕ -22
㉖ 1.4
㉗ $\frac{1}{3}$
㉘ 1, $-\frac{3}{2}$
㉙ -8
㉚ 12
㉛ 0.5
㉜ $\frac{7}{2}$
㉝ 1.2
㉞ $-\frac{1}{2}$

70쪽

㉟ 4
㊱ -3
㊲ $\frac{1}{3}$
㊳ 10
㊴ 3.2
㊵ $\frac{7}{2}$

71쪽

㊶ 3
㊷ 8
㊸ -2
㊹ 15
㊺ $\frac{4}{3}$, 8
㊻ 18
㊼ -22
㊽ -36
㊾ 7
㊿ -4
51 -3

⓬ $x-5=3$의 양변에 5를 더하면
$x-5+5=3+5$
$x=8$

⓭ $x-20=-6$의 양변에 20을 더하면
$x-20+20=-6+20$
$x=14$

⓮ $x-0.9=-0.2$의 양변에 0.9를 더하면
$x-0.9+0.9=-0.2+0.9$
$x=0.7$

⓯ $x-\frac{2}{3}=\frac{1}{2}$의 양변에 $\frac{2}{3}$를 더하면
$x-\frac{2}{3}+\frac{2}{3}=\frac{1}{2}+\frac{2}{3}$
$x=\frac{3}{6}+\frac{4}{6}=\frac{7}{6}$

⓰ $3=x-2.7$의 양변에 2.7을 더하면
$3+2.7=x-2.7+2.7$
$5.7=x$, 즉 $x=5.7$

⓱ $(-2)+x=5$의 양변에 2를 더하면
$(-2)+x+2=5+2$
$x=7$

㉙ $x+7=-1$의 양변에서 7을 빼면
$x+7-7=-1-7$
$x=-8$

㉚ $x+11=23$의 양변에서 11을 빼면
$x+11-11=23-11$
$x=12$

㉛ $x+2=2.5$의 양변에서 2를 빼면
$x+2-2=2.5-2$
$x=0.5$

㉜ $x+\frac{3}{2}=5$의 양변에서 $\frac{3}{2}$을 빼면

$x+\frac{3}{2}-\frac{3}{2}=5-\frac{3}{2}$

$x=\frac{7}{2}$

㉝ $1.2+x=2.4$의 양변에서 1.2를 빼면

$1.2+x-1.2=2.4-1.2$

$x=1.2$

㉞ $\frac{9}{10}=x+\frac{7}{5}$의 양변에서 $\frac{7}{5}$을 빼면

$\frac{9}{10}-\frac{7}{5}=x+\frac{7}{5}-\frac{7}{5}$

$-\frac{1}{2}=x$, 즉 $x=-\frac{1}{2}$

㊻ $\frac{x}{6}=3$의 양변에 6을 곱하면

$\frac{x}{6}\times 6=3\times 6$

$x=18$

㊼ $\frac{x}{11}=-2$의 양변에 11을 곱하면

$\frac{x}{11}\times 11=(-2)\times 11$

$x=-22$

㊽ $-\frac{x}{4}=9$의 양변에 -4를 곱하면

$-\frac{x}{4}\times(-4)=9\times(-4)$

$x=-36$

㊾ $\frac{1}{7}x=1$의 양변에 7을 곱하면

$\frac{1}{7}x\times 7=1\times 7$

$x=7$

㊿ $-x=4$의 양변에 -1을 곱하면

$-x\times(-1)=4\times(-1)$

$x=-4$

51 $\frac{5}{3}x=-5$의 양변에 $\frac{3}{5}$을 곱하면

$\frac{5}{3}x\times\frac{3}{5}=(-5)\times\frac{3}{5}$

$x=-3$

11 등식의 성질 (4) / 일차방정식

72쪽

① 15
② 6
③ $\frac{1}{2}$
④ -3
⑤ 0.7
⑥ $\frac{5}{8}$

73쪽

⑦ 2
⑧ 4
⑨ -5
⑩ -6
⑪ -14, $-\frac{1}{2}$
⑫ 4
⑬ $\frac{1}{9}$
⑭ -3
⑮ -8
⑯ $-\frac{1}{2}$
⑰ $\frac{1}{3}$

74쪽

⑱ $+$, 4
⑲ $-$, $\frac{1}{7}$
⑳ $-$, $2x$
㉑ $+$, $3x$, $+$, 1

75쪽

㉒ 6
㉓ $x=8-1$
㉔ $x=-2-3$
㉕ $x=3+\frac{2}{3}$
㉖ $x=0.9-1.2$
㉗ $6x+4x=5$
㉘ $\frac{1}{3}x-\frac{2}{3}x=3$
㉙ $x-5x=-6+2$
㉚ $4x-3x=10-7$
㉛ $-13x+8x=5+9$

76쪽

㉜ 8, 11
㉝ $3x=5$
㉞ $-x=24$
㉟ $0.1x=-0.2$
㊱ $-2x=-6$
㊲ $6x$, -2
㊳ $-3x=3$
㊴ $x=14$
㊵ $14x=-6$
㊶ $4x=-8$

77쪽

㊷ ×	㊽ ×
㊸ ○	㊾ ×
㊹ ×	㊿ ○
㊺ ○	51 ×
㊻ ○	52 ×
㊼ ×	53 ○

⑫ $2x=8$의 양변을 2로 나누면
$2x\div2=8\div2$
$x=4$

⑬ $9x=1$의 양변을 9로 나누면
$9x\div9=1\div9$
$x=\frac{1}{9}$

⑭ $5x=-15$의 양변을 5로 나누면
$5x\div5=(-15)\div5$
$x=-3$

⑮ $-3x=24$의 양변을 -3으로 나누면
$-3x\div(-3)=24\div(-3)$
$x=-8$

⑯ $-4x=2$의 양변을 -4로 나누면
$-4x\div(-4)=2\div(-4)$
$x=-\frac{1}{2}$

⑰ $-21x=-7$의 양변을 -21로 나누면
$-21x\div(-21)=(-7)\div(-21)$
$x=\frac{1}{3}$

㉝ $2+3x=7$에서
$3x=7-2$
$3x=5$

㉞ $-x-16=8$에서
$-x=8+16$
$-x=24$

㉟ $0.1x-0.4=-0.6$에서
$0.1x=-0.6+0.4$
$0.1x=-0.2$

㊱ $12-2x=6$에서
$-2x=6-12$
$-2x=-6$

㊳ $-2x=x+3$에서
$-2x-x=3$
$-3x=3$

㊴ $3=-x+17$에서
$x=17-3$
$x=14$

㊵ $10x+5=-4x-1$에서
$10x+4x=-1-5$
$14x=-6$

㊶ $3+3x=-x-5$에서
$3x+x=-5-3$
$4x=-8$

㊷ 등식이 아니므로 일차방정식이 아닙니다.

㊸ $2x+5=3$에서 $2x+2=0$이므로 일차방정식입니다.

㊹ 등식이 아니므로 일차방정식이 아닙니다.

㊺ $1+2x=1$에서 $2x=0$이므로 일차방정식입니다.

㊻ $5x=-5x+2$에서 $10x-2=0$이므로 일차방정식입니다.

㊼ $3x+1=3x+1$에서 $0=0$이므로 일차방정식이 아닙니다.

㊽ 좌변이 일차식이 아니므로 일차방정식이 아닙니다.

㊾ $x-1=1+x$에서 $-2=0$이므로 일차방정식이 아닙니다.

㊿ $3(x+2)=-x+3$에서
$3x+6=-x+3$
$4x+3=0$이므로 일차방정식입니다.

51 $-2x+8=2(4-x)$에서
$-2x+8=8-2x$
$0=0$이므로 일차방정식이 아닙니다.

52 $5x+2=-x-x^2$에서
$x^2+6x+2=0$
좌변이 일차식이 아니므로 일차방정식이 아닙니다.

⑮ $x^2-2x+4=3x+x^2$에서
$-5x+4=0$이므로 일차방정식입니다.

12 등식과 방정식 평가

78쪽

❶ 1
❷ 17
❸ -5
❹ 11
❺ 0.2
❻ $x+3=12$
❼ $5000-300x=1700$
❽ $4x=36$
❾ $90-2x=44$

79쪽

⑩ ○
⑪ ×
⑫ ○
⑬ ×
⑭ ×
⑮ ×
⑯ ○
⑰ ○
⑱ ×
⑲ ○

80쪽

⑳ -4
㉑ 2
㉒ 7
㉓ 6
㉔ $-\frac{3}{4}$
㉕ $x=11+3$
㉖ $x=-4-8$
㉗ $6x=5+1$
㉘ $4x+10x=14$
㉙ $2x-5x=-2-4$

81쪽

㉚ $x=3$
㉛ $-x=6$
㉜ $4x=-8$
㉝ $2x=-4$
㉞ $-10x=-10$
㉟ ○
㊱ ×
㊲ ○
㊳ ×
㊴ ×
㊵ ○

⑩ 방정식 $x+2=6$에 $x=4$를 대입하면
$4+2=6$
따라서 4는 방정식 $x+2=6$의 해입니다.

⑪ 방정식 $-2x+6=8$에 $x=1$을 대입하면
$\underbrace{-2\times1+6}_{=4}\neq8$
따라서 1은 방정식 $-2x+6=8$의 해가 아닙니다.

⑫ 방정식 $3x+4=x-2$에 $x=-3$을 대입하면
$\underbrace{3\times(-3)+4}_{=-5}=\underbrace{(-3)-2}_{=-5}$
따라서 -3은 방정식 $3x+4=x-2$의 해입니다.

⑬ 방정식 $9(x-2)=6x$에 $x=3$을 대입하면
$\underbrace{9\times(3-2)}_{=9}\neq\underbrace{6\times3}_{=18}$
따라서 3은 방정식 $9(x-2)=6x$의 해가 아닙니다.

⑭ 방정식 $\frac{x}{2}-5=4$에 $x=9$를 대입하면
$\underbrace{\frac{9}{2}-5}_{=-\frac{1}{2}}\neq4$
따라서 9는 방정식 $\frac{x}{2}-5=4$의 해가 아닙니다.

⑯ (좌변)$=5x+2$
(우변)$=2+5x=5x+2$
(좌변)=(우변)이므로 항등식입니다.

⑰ (좌변)$=x-4x=-3x$
(우변)$=-3x$
(좌변)=(우변)이므로 항등식입니다.

⑲ (좌변)$=\frac{1}{3}(x+6)=\frac{1}{3}x+2$
(우변)$=\frac{1}{3}x+2$
(좌변)=(우변)이므로 항등식입니다.

⑳ $x+14=10$의 양변에서 14를 빼면
$x+14-14=10-14$
$x=-4$

㉑ $x-2.7=-0.7$의 양변에 2.7을 더하면
$x-2.7+2.7=-0.7+2.7$
$x=2$

㉒ $(-6)+x=1$의 양변에 6을 더하면
$(-6)+x+6=1+6$
$x-6+6=1+6$
$x=7$

㉓ $\frac{x}{3}=2$의 양변에 3을 곱하면
$\frac{x}{3}\times 3=2\times 3$
$x=6$

㉔ $-8x=6$의 양변을 -8로 나누면
$-8x\div(-8)=6\div(-8)$
$x=-\frac{3}{4}$

㉚ $x+3=6$에서
$x=6-3$
$x=3$

㉛ $-x-2=4$에서
$-x=4+2$
$-x=6$

㉜ $4x+10=2$에서
$4x=2-10$
$4x=-8$

㉝ $5=-2x+1$에서
$2x=1-5$
$2x=-4$

㉞ $-3x+5=7x-5$에서
$-3x-7x=-5-5$
$-10x=-10$

㉟ $3x+2=8$에서 $3x-6=0$이므로 일차방정식입니다.

㊱ 등식이 아니므로 일차방정식이 아닙니다.

㊲ $1-4x=1+4x$에서 $-8x=0$이므로 일차방정식입니다.

㊳ 등식이 아니므로 일차방정식이 아닙니다.

㊴ $2(x-5)=2x-10$에서
$2x-10=2x-10$
$0=0$이므로 일차방정식이 아닙니다.

㊵ $x^2-5x=1+x^2$에서 $-5x-1=0$이므로 일차방정식입니다.

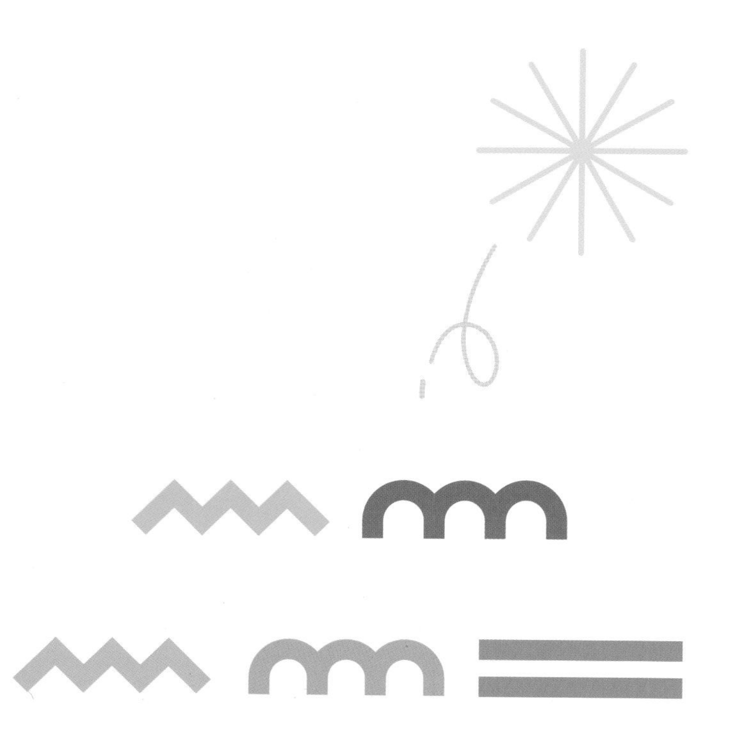

13 일차방정식의 풀이 (1)

84쪽

❶ 5, 12, 4
❷ $x=3$
❸ $x=1$
❹ $x=0$
❺ $x=2$
❻ $x=-1$
❼ $x=\frac{5}{6}$

85쪽

❗계산 결과를 가분수 또는 기약분수로 나타내지 않아도 정답으로 인정합니다.

❽ $x=-2$
❾ $x=3$
❿ $x=6$
⓫ $x=3$
⓬ $x=-3$
⓭ $x=4$
⓮ $x=\frac{9}{2}$
⓯ $x=-\frac{4}{5}$
⓰ $x=4$
⓱ $x=-21$
⓲ $x=-1$
⓳ $x=-2$

86쪽

❗계산 결과를 가분수 또는 기약분수로 나타내지 않아도 정답으로 인정합니다.

⓴ x, 3, 1
㉑ $x=-2$
㉒ $x=-3$
㉓ $x=3$
㉔ $x=5$
㉕ $x=1$
㉖ $x=-2$
㉗ $x=\frac{7}{4}$
㉘ $x=-3$
㉙ $x=2$
㉚ $x=-\frac{2}{7}$

87쪽

❗계산 결과를 가분수 또는 기약분수로 나타내지 않아도 정답으로 인정합니다.

㉛ $x=-3$
㉜ $x=\frac{1}{2}$
㉝ $x=4$
㉞ $x=5$
㉟ $x=7$
㊱ $x=-5$
㊲ $x=\frac{1}{4}$
㊳ $x=-1$
㊴ $x=-1$
㊵ $x=\frac{5}{7}$
㊶ $x=-2$
㊷ $x=\frac{12}{11}$

88쪽

❗계산 결과를 가분수 또는 기약분수로 나타내지 않아도 정답으로 인정합니다.

㊸ 3, 7, 5, -10, -2
㊹ $x=-2$
㊺ $x=8$
㊻ $x=3$
㊼ $x=4$
㊽ $x=-1$
㊾ $x=\frac{7}{3}$
㊿ $x=-4$
51 $x=-9$
52 $x=-8$
53 $x=6$

89쪽

❗계산 결과를 가분수 또는 기약분수로 나타내지 않아도 정답으로 인정합니다.

54 $x=1$
55 $x=-3$
56 $x=11$
57 $x=-1$
58 $x=-8$
59 $x=\frac{5}{2}$
60 $x=-1$
61 $x=-1$
62 $x=-3$
63 $x=-5$
64 $x=\frac{1}{2}$
65 $x=\frac{6}{7}$

❷ $2x-1=5$에서
$2x=5+1$, $2x=6$,
$x=3$

❸ $5x+4=9$에서
$5x=9-4$, $5x=5$,
$x=1$

❹ $2x+3=3$에서
$2x=3-3$, $2x=0$,
$x=0$

❺ $7x-8=6$에서
$7x=6+8$, $7x=14$,
$x=2$

❻ $4x+7=3$에서
$4x=3-7$, $4x=-4$,
$x=-1$

❼ $6x-4=1$에서
$6x=1+4$, $6x=5$,
$x=\frac{5}{6}$

❽ $3x+2=-4$에서
$3x=-4-2$, $3x=-6$,
$x=-2$

❾ $4x-15=-3$에서
$4x=-3+15$, $4x=12$,
$x=3$

❿ $-x+7=1$에서
$-x=1-7$, $-x=-6$,
$x=6$

⓫ $-2x+7=1$에서
$-2x=1-7$, $-2x=-6$,
$x=3$

⓬ $-6x-16=2$에서
$-6x=2+16$, $-6x=18$,
$x=-3$

⓭ $-3x+11=-1$에서
$-3x=-1-11$, $-3x=-12$,
$x=4$

⓮ $-2x+3=-6$에서
$-2x=-6-3$, $-2x=-9$,
$x=\frac{9}{2}$

⓯ $-5x-1=3$에서
$-5x=3+1$, $-5x=4$,
$x=-\frac{4}{5}$

⓰ $5-x=1$에서
$-x=1-5$, $-x=-4$,
$x=4$

⓱ $-12-x=9$에서
$-x=9+12$, $-x=21$,
$x=-21$

⓲ $8+9x=-1$에서
$9x=-1-8$, $9x=-9$,
$x=-1$

⓳ $1-3x=7$에서
$-3x=7-1$, $-3x=6$,
$x=-2$

㉑ $10x=7x-6$에서
$10x-7x=-6$, $3x=-6$,
$x=-2$

㉒ $x=2x+3$에서
$x-2x=3$, $-x=3$,
$x=-3$

㉓ $2x=5x-9$에서
$2x-5x=-9$, $-3x=-9$,
$x=3$

㉔ $x=-3x+20$에서
$x+3x=20$, $4x=20$,
$x=5$

㉕ $7x=-x+8$에서
$7x+x=8$, $8x=8$,
$x=1$

㉖ $3x=-2x-10$에서
$3x+2x=-10$, $5x=-10$,
$x=-2$

㉗ $2x=-2x+7$에서
$2x+2x=7$, $4x=7$,
$x=\frac{7}{4}$

㉘ $-x=4x+15$에서
$-x-4x=15$, $-5x=15$,
$x=-3$

㉙ $-5x=x-12$에서
$-5x-x=-12$, $-6x=-12$,
$x=2$

㉚ $-4x=3x+2$에서
$-4x-3x=2$, $-7x=2$,
$x=-\frac{2}{7}$

㉛ $-3x=-x+6$에서
$-3x+x=6$, $-2x=6$,
$x=-3$

㉜ $-x=-9x+4$에서
$-x+9x=4$, $8x=4$,
$x=\frac{1}{2}$

㉝ $x=24-5x$에서
$x+5x=24$, $6x=24$,
$x=4$

㉞ $2x=25-3x$에서
$2x+3x=25$, $5x=25$,
$x=5$

㉟ $8x=14+6x$에서
$8x-6x=14$, $2x=14$,
$x=7$

㊱ $3x=5+4x$에서
$3x-4x=5$, $-x=5$,
$x=-5$

㊲ $7x=1+3x$에서
$7x-3x=1$, $4x=1$,
$x=\frac{1}{4}$

㊳ $-4x=3-x$에서
$-4x+x=3$, $-3x=3$,
$x=-1$

㊴ $-2x=-6-8x$에서
$-2x+8x=-6$, $6x=-6$,
$x=-1$

㊵ $-4x=5-11x$에서
$-4x+11x=5$, $7x=5$,
$x=\frac{5}{7}$

㊶ $-21x=50+4x$에서
$-21x-4x=50$, $-25x=50$,
$x=-2$

㊷ $-7x=-12+4x$에서
$-7x-4x=-12$, $-11x=-12$,
$x=\frac{12}{11}$

㊹ $x-4=3x$에서
$x-3x=4$, $-2x=4$,
$x=-2$

㊺ $3x-8=2x$에서 $3x-2x=8$,
$x=8$

㊻ $-2x+12=2x$에서
$-2x-2x=-12$, $-4x=-12$,
$x=3$

㊼ $24+x=7x$에서
$x-7x=-24$, $-6x=-24$,
$x=4$

㊽ $-7-6x=x$에서
$-6x-x=7$, $-7x=7$,
$x=-1$

㊾ $21-4x=5x$에서
$-4x-5x=-21$, $-9x=-21$,
$x=\frac{7}{3}$

㊿ $32-x=-9x$에서
$-x+9x=-32$, $8x=-32$,
$x=-4$

51 $x-1=2x+8$에서
$x-2x=8+1$, $-x=9$,
$x=-9$

52 $2x+9=x+1$에서
$2x-x=1-9$,
$x=-8$

53 $2x+3=3x-3$에서
$2x-3x=-3-3$, $-x=-6$,
$x=6$

54 $5x-2=-6x+9$에서
$5x+6x=9+2$, $11x=11$,
$x=1$

55 $3x+1=-2x-14$에서
$3x+2x=-14-1$, $5x=-15$,
$x=-3$

56 $-x+7=x-15$에서
$-x-x=-15-7$, $-2x=-22$,
$x=11$

57 $-6x-2=3x+7$에서
$-6x-3x=7+2$, $-9x=9$,
$x=-1$

58 $-5x-5=-4x+3$에서
$-5x+4x=3+5$, $-x=8$,
$x=-8$

59 $-2x-9=-6x+1$에서
$-2x+6x=1+9$, $4x=10$,
$x=\frac{5}{2}$

60 $x+4=2-x$에서
$x+x=2-4$, $2x=-2$,
$x=-1$

61 $4x+8=2-2x$에서
$4x+2x=2-8$, $6x=-6$,
$x=-1$

62 $-x-10=2+3x$에서
$-x-3x=2+10$, $-4x=12$,
$x=-3$

63 $7-x=2-2x$에서
$-x+2x=2-7$,
$x=-5$

64 $1+7x=6-3x$에서
$7x+3x=6-1$, $10x=5$,
$x=\frac{1}{2}$

65 $-5+13x=13-8x$에서
$13x+8x=13+5$, $21x=18$,
$x=\frac{6}{7}$

14 일차방정식의 풀이 (2)

90쪽
❶ 계산 결과를 가분수 또는 기약분수로 나타내지 않아도 정답으로 인정합니다.

1 3, 3, 9, 3
2 $x=-1$
3 $x=5$
4 $x=4$
5 $x=-1$
6 $x=2$
7 $x=\frac{8}{3}$

91쪽
❶ 계산 결과를 가분수 또는 기약분수로 나타내지 않아도 정답으로 인정합니다.

8 $x=-2$
9 $x=2$
10 $x=-3$
11 $x=\frac{5}{6}$
12 $x=12$
13 $x=-3$
14 $x=2$
15 $x=1$
16 $x=3$
17 $x=-2$
18 $x=10$
19 $x=-7$

92쪽
❶ 계산 결과를 가분수 또는 기약분수로 나타내지 않아도 정답으로 인정합니다.

20 12, -12, -13, $\frac{13}{2}$
21 $x=-6$
22 $x=-1$
23 $x=-2$
24 $x=-3$
25 $x=-5$
26 $x=2$
27 $x=-4$
28 $x=5$
29 $x=1$
30 $x=11$

93쪽
❶ 계산 결과를 가분수 또는 기약분수로 나타내지 않아도 정답으로 인정합니다.

31 $x=2$
32 $x=-4$
33 $x=-6$
34 $x=11$
35 $x=3$
36 $x=-17$
37 $x=2$
38 $x=-\frac{3}{2}$
39 $x=1$
40 $x=\frac{3}{5}$
41 $x=\frac{3}{2}$
42 $x=12$

94쪽

❶ 계산 결과를 가분수 또는 기약분수로 나타내지 않아도 정답으로 인정합니다.

43 3, 10, 3, -10, -4, 4
44 $x=-4$
45 $x=-7$
46 $x=\frac{13}{2}$
47 $x=18$
48 $x=1$
49 $x=2$
50 $x=\frac{1}{11}$
51 $x=-17$
52 $x=-\frac{5}{7}$
53 $x=-1$

95쪽

54 $x=-3$
55 $x=-2$
56 $x=-2$
57 $x=5$
58 $x=-3$
59 $x=\frac{2}{3}$
60 $x=2$
61 $x=-4$
62 $x=0$
63 $x=30$
64 $x=1$
65 $x=\frac{1}{5}$

❷ $2(x+4)=6$에서
$2x+8=6$,
$2x=6-8$, $2x=-2$,
$x=-1$

❸ $4(x-3)=8$에서
$4x-12=8$,
$4x=8+12$, $4x=20$,
$x=5$

❹ $5(x-2)=10$에서
$5x-10=10$,
$5x=10+10$, $5x=20$,
$x=4$

❺ $4(2x+1)=-4$에서
$8x+4=-4$,
$8x=-4-4$, $8x=-8$,
$x=-1$

❻ $2(-x+6)=8$에서
$-2x+12=8$,
$-2x=8-12$, $-2x=-4$,
$x=2$

❼ $3(-2x+5)=-1$에서
$-6x+15=-1$,
$-6x=-1-15$, $-6x=-16$,
$x=\frac{8}{3}$

❽ $-(2x-1)=5$에서
$-2x+1=5$,
$-2x=5-1$, $-2x=4$,
$x=-2$

❾ $-(5x+2)=-12$에서
$-5x-2=-12$,
$-5x=-12+2$, $-5x=-10$,
$x=2$

❿ $-7(x+1)=14$에서
$-7x-7=14$,
$-7x=14+7$, $-7x=21$,
$x=-3$

⓫ $-3(4x-3)=-1$에서
$-12x+9=-1$,
$-12x=-1-9$, $-12x=-10$,
$x=\frac{5}{6}$

⓬ $2(10-x)=-4$에서
$20-2x=-4$,
$-2x=-4-20$, $-2x=-24$,
$x=12$

⓭ $-5(3+2x)=15$에서
$-15-10x=15$,
$-10x=15+15$, $-10x=30$,
$x=-3$

⓮ $5(x-3)+9=4$에서
$5x-15+9=4$, $5x-6=4$,
$5x=4+6$, $5x=10$,
$x=2$

⑮ $1-2(4x+3)=-13$에서
$1-8x-6=-13$, $-8x-5=-13$,
$-8x=-13+5$, $-8x=-8$,
$x=1$

⑯ $3(x-1)+x=9$에서
$3x-3+x=9$, $4x-3=9$,
$4x=9+3$, $4x=12$,
$x=3$

⑰ $-4(1+2x)+x=10$에서
$-4-8x+x=10$, $-4-7x=10$,
$-7x=10+4$, $-7x=14$,
$x=-2$

⑱ $2x-(x+7)=3$에서
$2x-x-7=3$,
$x-7=3$, $x=3+7$,
$x=10$

⑲ $-5x-4(1-x)=3$에서
$-5x-4+4x=3$, $-x-4=3$,
$-x=3+4$, $-x=7$,
$x=-7$

㉑ $3(x-2)=4x$에서
$3x-6=4x$,
$3x-4x=6$, $-x=6$,
$x=-6$

㉒ $2(3x+4)=-2x$에서
$6x+8=-2x$,
$6x+2x=-8$, $8x=-8$,
$x=-1$

㉓ $-(5x+16)=3x$에서
$-5x-16=3x$,
$-5x-3x=16$, $-8x=16$,
$x=-2$

㉔ $-7(3-x)=14x$에서
$-21+7x=14x$,
$7x-14x=21$, $-7x=21$,
$x=-3$

㉕ $x+4=-(x+6)$에서
$x+4=-x-6$,
$x+x=-6-4$, $2x=-10$,
$x=-5$

㉖ $-(x+5)=3x-13$에서
$-x-5=3x-13$,
$-x-3x=-13+5$, $-4x=-8$,
$x=2$

㉗ $x-5=3(x+1)$에서
$x-5=3x+3$,
$x-3x=3+5$, $-2x=8$,
$x=-4$

㉘ $6(x-4)=3x-9$에서
$6x-24=3x-9$,
$6x-3x=-9+24$, $3x=15$,
$x=5$

㉙ $3x+15=2(4x+5)$에서
$3x+15=8x+10$,
$3x-8x=10-15$, $-5x=-5$,
$x=1$

㉚ $-(2x+7)=-3x+4$에서
$-2x-7=-3x+4$,
$-2x+3x=4+7$,
$x=11$

㉛ $4x-2=-3(x-4)$에서
$4x-2=-3x+12$,
$4x+3x=12+2$, $7x=14$,
$x=2$

㉜ $-3(5x+7)=-9x+3$에서
$-15x-21=-9x+3$,
$-15x+9x=3+21$, $-6x=24$,
$x=-4$

㉝ $-7x+2=-4(3x+7)$에서
$-7x+2=-12x-28$,
$-7x+12x=-28-2$, $5x=-30$,
$x=-6$

㉞ $2(7-x)=-x+3$에서
$14-2x=-x+3$,
$-2x+x=3-14$, $-x=-11$,
$x=11$

㉟ $4-7x=-(8+3x)$에서
$4-7x=-8-3x$,
$-7x+3x=-8-4$, $-4x=-12$,
$x=3$

㊱ $5-3x=-4(3+x)$에서
$5-3x=-12-4x$,
$-3x+4x=-12-5$,
$x=-17$

㊲ $-(x+3)+7=x$에서
$-x-3+7=x$, $-x+4=x$,
$-x-x=-4$, $-2x=-4$,
$x=2$

㊳ $1-2(x+5)=4x$에서
$1-2x-10=4x$, $-2x-9=4x$,
$-2x-4x=9$, $-6x=9$,
$x=-\frac{3}{2}$

㊴ $3x=2(x+5)-9$에서
$3x=2x+10-9$, $3x=2x+1$,
$3x-2x=1$,
$x=1$

㊵ $-4x=2(3x-1)-4$에서
$-4x=6x-2-4$, $-4x=6x-6$,
$-4x-6x=-6$, $-10x=-6$,
$x=\frac{3}{5}$

㊶ $11-3(5x-2)=-9x+8$에서
$11-15x+6=-9x+8$, $-15x+17=-9x+8$,
$-15x+9x=8-17$, $-6x=-9$,
$x=\frac{3}{2}$

㊷ $6x-4(2x+7)=-5x+8$에서
$6x-8x-28=-5x+8$, $-2x-28=-5x+8$,
$-2x+5x=8+28$, $3x=36$,
$x=12$

㊹ $2(x+2)=-(x+8)$에서
$2x+4=-x-8$,
$2x+x=-8-4$, $3x=-12$,
$x=-4$

㊺ $3(x+3)=2(x+1)$에서
$3x+9=2x+2$,
$3x-2x=2-9$,
$x=-7$

㊻ $2(x+1)=6(x-4)$에서
$2x+2=6x-24$,
$2x-6x=-24-2$, $-4x=-26$,
$x=\frac{13}{2}$

㊼ $7(x-3)=5(x+3)$에서
$7x-21=5x+15$,
$7x-5x=15+21$, $2x=36$,
$x=18$

㊽ $3(x+1)=2(4x-1)$에서
$3x+3=8x-2$,
$3x-8x=-2-3$, $-5x=-5$,
$x=1$

㊾ $-(5x-10)=4(x-2)$에서
$-5x+10=4x-8$,
$-5x-4x=-8-10$, $-9x=-18$,
$x=2$

㊿ $5(2x-1)=-(x+4)$에서
$10x-5=-x-4$,
$10x+x=-4+5$, $11x=1$,
$x=\frac{1}{11}$

51 $6(3x+5)=4(4x-1)$에서
$18x+30=16x-4$,
$18x-16x=-4-30$, $2x=-34$,
$x=-17$

52 $-3(x-5)=4(x+5)$에서
$-3x+15=4x+20$,
$-3x-4x=20-15$, $-7x=5$,
$x=-\frac{5}{7}$

53 $7(x+1)=-8(x+1)$에서
$7x+7=-8x-8$,
$7x+8x=-8-7$, $15x=-15$,
$x=-1$

54 $-2(2x-3)=6(x+6)$에서
$-4x+6=6x+36$,
$-4x-6x=36-6$, $-10x=30$,
$x=-3$

55 $6(x-3)=-3(-3x+4)$에서
$6x-18=9x-12$,
$6x-9x=-12+18$, $-3x=6$,
$x=-2$

56 $4(x+7)=5(2-x)$에서
$4x+28=10-5x$,
$4x+5x=10-28$, $9x=-18$,
$x=-2$

57 $-2(x+3)=4(1-x)$에서
$-2x-6=4-4x$,
$-2x+4x=4+6$, $2x=10$,
$x=5$

58 $2(2x-6)=3(1+3x)$에서
$4x-12=3+9x$,
$4x-9x=3+12$, $-5x=15$,
$x=-3$

59 $5(-x+2)=4(3-2x)$에서
$-5x+10=12-8x$,
$-5x+8x=12-10$, $3x=2$,
$x=\frac{2}{3}$

60 $6(5x-4)-7(x+4)=-6$에서
$30x-24-7x-28=-6$, $23x-52=-6$,
$23x=-6+52$, $23x=46$,
$x=2$

61 $2(x-4)=5(x-1)+9$에서
$2x-8=5x-5+9$, $2x-8=5x+4$,
$2x-5x=4+8$, $-3x=12$,
$x=-4$

62 $3(x-5)+17=2(x+1)$에서
$3x-15+17=2x+2$,
$3x+2=2x+2$, $3x-2x=2-2$,
$x=0$

63 $-10+5(x-4)=2(x+30)$에서
$-10+5x-20=2x+60$, $5x-30=2x+60$,
$5x-2x=60+30$, $3x=90$,
$x=30$

64 $2(3x-1)=1-(-4+x)$에서
$6x-2=1+4-x$, $6x-2=5-x$,
$6x+x=5+2$, $7x=7$,
$x=1$

65 $12-3(5-x)=4(2x-1)$에서
$12-15+3x=8x-4$, $-3+3x=8x-4$,
$3x-8x=-4+3$, $-5x=-1$,
$x=\frac{1}{5}$

15 계수가 소수인 일차방정식의 풀이

96쪽

1 2, 2, 3, 1
2 $x=-4$
3 $x=1$
4 $x=12$
5 $x=-1$

97쪽

! 계산 결과를 가분수 또는 기약분수로 나타내지 않아도 정답으로 인정합니다.

6 $x=4$
7 $x=5$
8 $x=2$
9 $x=-6$
10 $x=4$
11 $x=1$
12 $x=-1$
13 $x=10$
14 $x=\frac{17}{2}$
15 $x=-4$
16 $x=-13$
17 $x=-5$

98쪽

❗계산 결과를 가분수 또는 기약분수로 나타내지 않아도 정답으로 인정합니다.

⑱ $x=3$
⑲ $x=3$
⑳ $x=5$
㉑ $x=1$
㉒ $x=\frac{4}{5}$
㉓ $x=1$
㉔ $x=-\frac{7}{2}$
㉕ $x=-2$
㉖ $x=-5$
㉗ $x=2$
㉘ $x=2$
㉙ $x=9$

99쪽

㉚ $x=-1$
㉛ $x=19$
㉜ $x=3$
㉝ $x=9$
㉞ $x=1$
㉟ $x=-3$
㊱ $x=-1$
㊲ $x=5$
㊳ $x=-10$
㊴ $x=8$
㊵ $x=-4$
㊶ $x=-9$

100쪽

❗계산 결과를 가분수 또는 기약분수로 나타내지 않아도 정답으로 인정합니다.

㊷ 10, 6, 6, 6, 27, 9
㊸ $x=1$
㊹ $x=-\frac{13}{2}$
㊺ $x=9$
㊻ $x=4$
㊼ $x=10$
㊽ $x=-1$
㊾ $x=-3$
㊿ $x=-\frac{3}{2}$
51 $x=-3$

101쪽

52 $x=1$
53 $x=-14$
54 $x=3$
55 $x=8$
56 $x=7$
57 $x=-3$
58 $x=-8$
59 $x=5$
60 $x=1$
61 $x=-22$
62 $x=5$
63 $x=-10$

❷ $0.1x+0.8=0.4$의 양변에 10을 곱하면
$x+8=4$, $x=4-8$,
$x=-4$

❸ $0.6x+0.4=1$의 양변에 10을 곱하면
$6x+4=10$,
$6x=10-4$, $6x=6$,
$x=1$

❹ $0.2x-1=1.4$의 양변에 10을 곱하면
$2x-10=14$,
$2x=14+10$, $2x=24$,
$x=12$

❺ $2.5x-1.1=-3.6$의 양변에 10을 곱하면
$25x-11=-36$,
$25x=-36+11$, $25x=-25$,
$x=-1$

❻ $-0.7x+2.3=-0.5$의 양변에 10을 곱하면
$-7x+23=-5$,
$-7x=-5-23$, $-7x=-28$,
$x=4$

❼ $-1.8x+6.6=-2.4$의 양변에 10을 곱하면
$-18x+66=-24$,
$-18x=-24-66$, $-18x=-90$,
$x=5$

❽ $1-0.2x=0.6$의 양변에 10을 곱하면
$10-2x=6$,
$-2x=6-10$, $-2x=-4$,
$x=2$

❾ $7.5+0.9x=2.1$의 양변에 10을 곱하면
$75+9x=21$,
$9x=21-75$, $9x=-54$,
$x=-6$

❿ $x=0.6x+1.6$의 양변에 10을 곱하면
$10x=6x+16$,
$10x-6x=16$, $4x=16$,
$x=4$

⓫ $0.9x=-0.6x+1.5$의 양변에 10을 곱하면
$9x=-6x+15$,
$9x+6x=15$, $15x=15$,
$x=1$

⑫ $-2.4x=1.8x+4.2$의 양변에 10을 곱하면
$-24x=18x+42$,
$-24x-18x=42$, $-42x=42$,
$x=-1$

⑬ $1.6x=4+1.2x$의 양변에 10을 곱하면
$16x=40+12x$,
$16x-12x=40$, $4x=40$,
$x=10$

⑭ $0.7=0.2x-1$의 양변에 10을 곱하면
$7=2x-10$,
$-2x=-10-7$, $-2x=-17$,
$x=\frac{17}{2}$

⑮ $-3.2=6.4+2.4x$의 양변에 10을 곱하면
$-32=64+24x$,
$-24x=64+32$, $-24x=96$,
$x=-4$

⑯ $0.1x-2.6=0.3x$의 양변에 10을 곱하면
$x-26=3x$,
$x-3x=26$, $-2x=26$,
$x=-13$

⑰ $4-0.1x=-0.9x$의 양변에 10을 곱하면
$40-x=-9x$,
$-x+9x=-40$, $8x=-40$,
$x=-5$

⑱ $0.1x+1=0.2x+0.7$의 양변에 10을 곱하면
$x+10=2x+7$,
$x-2x=7-10$, $-x=-3$,
$x=3$

⑲ $0.3x+0.5=0.1x+1.1$의 양변에 10을 곱하면
$3x+5=x+11$,
$3x-x=11-5$, $2x=6$,
$x=3$

⑳ $1.2x-2.4=1.8x-5.4$의 양변에 10을 곱하면
$12x-24=18x-54$,
$12x-18x=-54+24$, $-6x=-30$,
$x=5$

㉑ $0.6x+0.4=-0.3x+1.3$의 양변에 10을 곱하면
$6x+4=-3x+13$,
$6x+3x=13-4$, $9x=9$,
$x=1$

㉒ $1.5x+0.5=-x+2.5$의 양변에 10을 곱하면
$15x+5=-10x+25$,
$15x+10x=25-5$, $25x=20$,
$x=\frac{4}{5}$

㉓ $-0.1x+0.6=0.7x-0.2$의 양변에 10을 곱하면
$-x+6=7x-2$,
$-x-7x=-2-6$, $-8x=-8$,
$x=1$

㉔ $-0.4x+1=-0.2x+1.7$의 양변에 10을 곱하면
$-4x+10=-2x+17$,
$-4x+2x=17-10$, $-2x=7$,
$x=-\frac{7}{2}$

㉕ $-1.4x-0.1=-0.3x+2.1$의 양변에 10을 곱하면
$-14x-1=-3x+21$,
$-14x+3x=21+1$, $-11x=22$,
$x=-2$

㉖ $0.1x+1.2=0.2-0.1x$의 양변에 10을 곱하면
$x+12=2-x$,
$x+x=2-12$, $2x=-10$,
$x=-5$

㉗ $1-0.4x=0.2x-0.2$의 양변에 10을 곱하면
$10-4x=2x-2$,
$-4x-2x=-2-10$, $-6x=-12$,
$x=2$

㉘ $-0.6x+1.4=-0.8+0.5x$의 양변에 10을 곱하면
$-6x+14=-8+5x$,
$-6x-5x=-8-14$, $-11x=-22$,
$x=2$

㉙ $-3.2+1.2x=0.4+0.8x$의 양변에 10을 곱하면
$-32+12x=4+8x$,
$12x-8x=4+32$, $4x=36$,
$x=9$

㉚ $0.05x+0.12=0.07$의 양변에 100을 곱하면
$5x+12=7$,
$5x=7-12$, $5x=-5$,
$x=-1$

㉛ $0.12x=0.19+0.11x$의 양변에 100을 곱하면
$12x=19+11x$,
$12x-11x=19$,
$x=19$

㉜ $0.02x+0.01=0.01x+0.04$의 양변에 100을 곱하면
$2x+1=x+4$,
$2x-x=4-1$,
$x=3$

㉝ $0.04x-0.25=0.01x+0.02$의 양변에 100을 곱하면
$4x-25=x+2$,
$4x-x=2+25$, $3x=27$,
$x=9$

㉞ $0.12x-0.04=0.09x-0.01$의 양변에 100을 곱하면
$12x-4=9x-1$,
$12x-9x=-1+4$, $3x=3$,
$x=1$

㉟ $-0.06x+0.09=-0.21x-0.36$의 양변에 100을 곱하면
$-6x+9=-21x-36$,
$-6x+21x=-36-9$, $15x=-45$,
$x=-3$

㊱ $0.1x+0.16=0.06$의 양변에 100을 곱하면
$10x+16=6$,
$10x=6-16$, $10x=-10$,
$x=-1$

㊲ $0.05=-0.07x+0.4$의 양변에 100을 곱하면
$5=-7x+40$,
$7x=40-5$, $7x=35$,
$x=5$

㊳ $0.2x-0.25=0.25x+0.25$의 양변에 100을 곱하면
$20x-25=25x+25$,
$20x-25x=25+25$, $-5x=50$,
$x=-10$

㊴ $0.18x+0.06=0.2x-0.1$의 양변에 100을 곱하면
$18x+6=20x-10$,
$18x-20x=-10-6$, $-2x=-16$,
$x=8$

㊵ $0.32x-0.2=0.12+0.4x$의 양변에 100을 곱하면
$32x-20=12+40x$,
$32x-40x=12+20$, $-8x=32$,
$x=-4$

㊶ $0.1x+0.35=-0.05x-1$의 양변에 100을 곱하면
$10x+35=-5x-100$,
$10x+5x=-100-35$, $15x=-135$,
$x=-9$

㊸ $0.1(x+2)=0.3$의 양변에 10을 곱하면
$x+2=3$, $x=3-2$,
$x=1$

㊹ $0.2(x+3)=-0.7$의 양변에 10을 곱하면
$2(x+3)=-7$, $2x+6=-7$,
$2x=-7-6$, $2x=-13$,
$x=-\frac{13}{2}$

㊺ $-0.4(11-2x)=2.8$의 양변에 10을 곱하면
$-4(11-2x)=28$, $-44+8x=28$,
$8x=28+44$, $8x=72$,
$x=9$

㊻ $0.8(x-3)=0.2x$의 양변에 10을 곱하면
$8(x-3)=2x$, $8x-24=2x$,
$8x-2x=24$, $6x=24$,
$x=4$

㊼ $2=0.4(x-5)$의 양변에 10을 곱하면
$20=4(x-5)$, $20=4x-20$,
$-4x=-20-20$, $-4x=-40$,
$x=10$

㊽ $x=0.5(3x+1)$의 양변에 10을 곱하면
$10x=5(3x+1)$, $10x=15x+5$,
$10x-15x=5$, $-5x=5$,
$x=-1$

㊾ $0.1(x+3)=x+3$의 양변에 10을 곱하면
$x+3=10x+30$,
$x-10x=30-3$, $-9x=27$,
$x=-3$

㊿ $0.3(x-2)=0.1x-0.9$의 양변에 10을 곱하면
$3(x-2)=x-9$, $3x-6=x-9$,
$3x-x=-9+6$, $2x=-3$,
$x=-\frac{3}{2}$

51 $2x+0.5=1.1(x-2)$의 양변에 10을 곱하면
$20x+5=11(x-2)$, $20x+5=11x-22$,
$20x-11x=-22-5$, $9x=-27$,
$x=-3$

52 $-0.3(x-3)=0.1x+0.5$의 양변에 10을 곱하면
$-3(x-3)=x+5$, $-3x+9=x+5$,
$-3x-x=5-9$, $-4x=-4$,
$x=1$

53 $-4.6x+7.6=-4.5(x-2)$의 양변에 10을 곱하면
$-46x+76=-45(x-2)$,
$-46x+76=-45x+90$,
$-46x+45x=90-76$, $-x=14$,
$x=-14$

54 $0.1x-0.6=-0.3(4-x)$의 양변에 10을 곱하면
$x-6=-3(4-x)$, $x-6=-12+3x$,
$x-3x=-12+6$, $-2x=-6$,
$x=3$

55 $0.5x-0.7(-2+x)=-0.2$의 양변에 10을 곱하면
$5x-7(-2+x)=-2$,
$5x+14-7x=-2$, $-2x+14=-2$,
$-2x=-2-14$, $-2x=-16$,
$x=8$

56 $0.3(x+2)+0.4=3.1$의 양변에 10을 곱하면
$3(x+2)+4=31$,
$3x+6+4=31$, $3x+10=31$,
$3x=31-10$, $3x=21$,
$x=7$

57 $-1.2(x+1)-1=1.4$의 양변에 10을 곱하면
$-12(x+1)-10=14$,
$-12x-12-10=14$, $-12x-22=14$,
$-12x=14+22$, $-12x=36$,
$x=-3$

58 $0.2(x+5)=-0.1(x+14)$의 양변에 10을 곱하면
$2(x+5)=-(x+14)$, $2x+10=-x-14$,
$2x+x=-14-10$, $3x=-24$,
$x=-8$

59 $-0.7(3-x)=0.2(12-x)$의 양변에 10을 곱하면
$-7(3-x)=2(12-x)$, $-21+7x=24-2x$,
$7x+2x=24+21$, $9x=45$,
$x=5$

60 $-(x-4)=-0.6(x-6)$의 양변에 10을 곱하면
$-10(x-4)=-6(x-6)$,
$-10x+40=-6x+36$,
$-10x+6x=36-40$, $-4x=-4$,
$x=1$

61 $0.5(x-2)=0.16(3x-9)$의 양변에 100을 곱하면
$50(x-2)=16(3x-9)$, $50x-100=48x-144$,
$50x-48x=-144+100$, $2x=-44$,
$x=-22$

62 $0.13(x-1)+0.2=0.04(2x+8)$의 양변에 100을 곱하면
$13(x-1)+20=4(2x+8)$,
$13x-13+20=8x+32$,
$13x+7=8x+32$,
$13x-8x=32-7$, $5x=25$,
$x=5$

63 $-0.1+0.02(15+x)=-0.01(x+10)$의 양변에 100을 곱하면
$-10+2(15+x)=-(x+10)$,
$-10+30+2x=-x-10$,
$20+2x=-x-10$,
$2x+x=-10-20$, $3x=-30$,
$x=-10$

16 계수가 분수인 일차방정식의 풀이

102쪽

❶ 6, 6, 15, 5
❷ $x=2$
❸ $x=-4$
❹ $x=1$
❺ $x=2$

103쪽

❗계산 결과를 가분수 또는 기약분수로 나타내지 않아도 정답으로 인정합니다.

❻ $x=\frac{7}{4}$
❼ $x=-5$
❽ $x=-2$
❾ $x=\frac{3}{2}$
❿ $x=4$
⓫ $x=2$
⓬ $x=4$
⓭ $x=-\frac{9}{4}$
⓮ $x=8$
⓯ $x=-\frac{60}{17}$

104쪽

❗계산 결과를 가분수 또는 기약분수로 나타내지 않아도 정답으로 인정합니다.

⓰ $x=-9$
⓱ $x=-2$
⓲ $x=5$
⓳ $x=\frac{3}{4}$
⓴ $x=-4$
㉑ $x=7$
㉒ $x=-1$
㉓ $x=10$
㉔ $x=-3$
㉕ $x=-\frac{17}{4}$

105쪽

❗계산 결과를 가분수 또는 기약분수로 나타내지 않아도 정답으로 인정합니다.

㉖ $x=-10$
㉗ $x=24$
㉘ $x=-\frac{5}{2}$
㉙ $x=-2$
㉚ $x=7$
㉛ $x=1$
㉜ $x=3$
㉝ $x=-2$
㉞ $x=-4$
㉟ $x=-\frac{8}{3}$

106쪽

❗계산 결과를 가분수 또는 기약분수로 나타내지 않아도 정답으로 인정합니다.

㊱ 3, 3, 3, 3, 3, -2, 10, -5
㊲ $x=1$
㊳ $x=-15$
㊴ $x=10$
㊵ $x=-18$
㊶ $x=4$
㊷ $x=4$
㊸ $x=-2$
㊹ $x=\frac{5}{3}$

107쪽

❗계산 결과를 가분수 또는 기약분수로 나타내지 않아도 정답으로 인정합니다.

㊺ 2, 8, 18, 8, 18, 5, 20, 4
㊻ $x=6$
㊼ $x=-2$
㊽ $x=-2$
㊾ $x=-\frac{43}{10}$
㊿ $x=-3$
51 $x=-5$
52 $x=25$
53 $x=\frac{12}{5}$

❷ $\frac{5}{3}x+\frac{1}{3}=\frac{11}{3}$의 양변에 3을 곱하면
$5x+1=11$,
$5x=11-1$, $5x=10$,
$x=2$

❸ $\frac{4}{5}-\frac{1}{5}x=-\frac{2}{5}x$의 양변에 5를 곱하면
$4-x=-2x$, $-x+2x=-4$,
$x=-4$

❹ $2=\frac{1}{2}x+\frac{3}{2}$의 양변에 2를 곱하면
$4=x+3$,
$-x=3-4$, $-x=-1$,
$x=1$

❺ $-\frac{5}{6}x=2-\frac{11}{6}x$의 양변에 6을 곱하면
$-5x=12-11x$,
$-5x+11x=12$, $6x=12$,
$x=2$

❻ $\frac{1}{3}x-\frac{1}{4}=\frac{1}{3}$의 양변에 12를 곱하면
$4x-3=4$,
$4x=4+3$, $4x=7$,
$x=\frac{7}{4}$

❼ $\frac{1}{5}x+\frac{1}{3}=-\frac{2}{3}$의 양변에 15를 곱하면
$3x+5=-10$,
$3x=-10-5$, $3x=-15$,
$x=-5$

❽ $\frac{2}{3}x+\frac{11}{6}=\frac{1}{2}$의 양변에 6을 곱하면
$4x+11=3$,
$4x=3-11$, $4x=-8$,
$x=-2$

❾ $\frac{3}{4}x-\frac{1}{8}=1$의 양변에 8을 곱하면
$6x-1=8$,
$6x=8+1$, $6x=9$,
$x=\frac{3}{2}$

❿ $-\frac{1}{9}x+\frac{1}{2}=\frac{1}{18}$의 양변에 18을 곱하면
$-2x+9=1$,
$-2x=1-9$, $-2x=-8$,
$x=4$

⓫ $-\frac{3}{14}=\frac{1}{7}x-\frac{1}{2}$의 양변에 14를 곱하면
$-3=2x-7$,
$-2x=-7+3$, $-2x=-4$,
$x=2$

⓬ $1-\frac{1}{6}x=\frac{1}{3}$의 양변에 6을 곱하면
$6-x=2$,
$-x=2-6$, $-x=-4$,
$x=4$

⓭ $\frac{5}{3}x=\frac{7}{9}x-2$의 양변에 9를 곱하면
$15x=7x-18$,
$15x-7x=-18$, $8x=-18$,
$x=-\frac{9}{4}$

⓮ $-\frac{1}{5}x=\frac{4}{5}-\frac{3}{10}x$의 양변에 10을 곱하면
$-2x=8-3x$, $-2x+3x=8$,
$x=8$

⓯ $\frac{1}{6}x+2=-\frac{2}{5}x$의 양변에 30을 곱하면
$5x+60=-12x$,
$5x+12x=-60$, $17x=-60$,
$x=-\frac{60}{17}$

⓰ $\frac{2}{3}x+\frac{5}{3}=\frac{1}{3}x-\frac{4}{3}$의 양변에 3을 곱하면
$2x+5=x-4$, $2x-x=-4-5$,
$x=-9$

⓱ $\frac{7}{4}x+\frac{1}{4}=\frac{5}{4}x-\frac{3}{4}$의 양변에 4를 곱하면
$7x+1=5x-3$,
$7x-5x=-3-1$, $2x=-4$,
$x=-2$

⓲ $-\frac{1}{7}x+\frac{3}{7}=\frac{1}{7}x-1$의 양변에 7을 곱하면
$-x+3=x-7$,
$-x-x=-7-3$, $-2x=-10$,
$x=5$

⓳ $-1+\frac{1}{2}x=\frac{1}{2}-\frac{3}{2}x$의 양변에 2를 곱하면
$-2+x=1-3x$,
$x+3x=1+2$, $4x=3$,
$x=\frac{3}{4}$

⓴ $-\frac{1}{5}x-2=\frac{6}{5}+\frac{3}{5}x$의 양변에 5를 곱하면
$-x-10=6+3x$,
$-x-3x=6+10$, $-4x=16$,
$x=-4$

㉑ $x-2=\frac{2}{7}x+3$의 양변에 7을 곱하면
$7x-14=2x+21$,
$7x-2x=21+14$, $5x=35$,
$x=7$

㉒ $\frac{1}{6}x+\frac{2}{3}=\frac{1}{3}x+\frac{5}{6}$의 양변에 6을 곱하면
$x+4=2x+5$,
$x-2x=5-4$, $-x=1$,
$x=-1$

㉓ $\frac{2}{5}x-\frac{4}{3}=\frac{1}{5}x+\frac{2}{3}$의 양변에 15를 곱하면
$6x-20=3x+10$,
$6x-3x=10+20$, $3x=30$,
$x=10$

㉔ $\frac{1}{4}x+\frac{1}{8}=\frac{1}{8}x-\frac{1}{4}$의 양변에 8을 곱하면
$2x+1=x-2$, $2x-x=-2-1$,
$x=-3$

㉕ $-\frac{5}{2}x+\frac{1}{4}=-\frac{3}{2}x+\frac{9}{2}$의 양변에 4를 곱하면
$-10x+1=-6x+18$,
$-10x+6x=18-1$, $-4x=17$,
$x=-\frac{17}{4}$

㉖ $\frac{1}{2}x+\frac{2}{3}=\frac{1}{3}x-1$의 양변에 6을 곱하면
$3x+4=2x-6$, $3x-2x=-6-4$,
$x=-10$

㉗ $\frac{1}{3}x-9=-\frac{1}{4}x+5$의 양변에 12를 곱하면
$4x-108=-3x+60$,
$4x+3x=60+108$, $7x=168$,
$x=24$

㉘ $\frac{1}{5}x+\frac{3}{2}=\frac{1}{2}-\frac{1}{5}x$의 양변에 10을 곱하면
$2x+15=5-2x$,
$2x+2x=5-15$, $4x=-10$,
$x=-\frac{5}{2}$

㉙ $-\frac{5}{18}-\frac{1}{18}x=\frac{1}{9}x+\frac{1}{18}$의 양변에 18을 곱하면
$-5-x=2x+1$,
$-x-2x=1+5$, $-3x=6$,
$x=-2$

㉚ $1+\frac{1}{9}x=\frac{1}{3}x-\frac{5}{9}$의 양변에 9를 곱하면
$9+x=3x-5$,
$x-3x=-5-9$, $-2x=-14$,
$x=7$

㉛ $-\frac{7}{4}x+2=\frac{3}{4}-\frac{1}{2}x$의 양변에 4를 곱하면
$-7x+8=3-2x$,
$-7x+2x=3-8$, $-5x=-5$,
$x=1$

㉜ $\frac{1}{7}x+\frac{5}{14}=\frac{1}{2}x-\frac{5}{7}$의 양변에 14를 곱하면
$2x+5=7x-10$,
$2x-7x=-10-5$, $-5x=-15$,
$x=3$

㉝ $\frac{1}{3}x+\frac{7}{12}=\frac{1}{6}x+\frac{1}{4}$의 양변에 12를 곱하면
$4x+7=2x+3$,
$4x-2x=3-7$, $2x=-4$,
$x=-2$

㉞ $\frac{1}{2}x-\frac{2}{3}=\frac{1}{6}x-2$의 양변에 6을 곱하면
$3x-4=x-12$,
$3x-x=-12+4$, $2x=-8$,
$x=-4$

㉟ $1-\frac{5}{4}x=\frac{1}{3}-\frac{3}{2}x$의 양변에 12를 곱하면
$12-15x=4-18x$,
$-15x+18x=4-12$, $3x=-8$,
$x=-\frac{8}{3}$

㊲ $\frac{1}{5}(x+4)=1$의 양변에 5를 곱하면
$x+4=5$, $x=5-4$,
$x=1$

㊳ $-\frac{1}{2}(x+1)=7$의 양변에 2를 곱하면
$-(x+1)=14$, $-x-1=14$,
$-x=14+1$, $-x=15$,
$x=-15$

39 $\frac{2}{3}x-\frac{1}{3}(x+4)=2$의 양변에 3을 곱하면
$2x-(x+4)=6$, $2x-x-4=6$,
$x-4=6$, $x=6+4$,
$x=10$

40 $\frac{1}{4}(x-6)=\frac{1}{3}x$의 양변에 12를 곱하면
$3(x-6)=4x$, $3x-18=4x$,
$3x-4x=18$, $-x=18$,
$x=-18$

41 $x+4=\frac{4}{3}(x+2)$의 양변에 3을 곱하면
$3x+12=4(x+2)$, $3x+12=4x+8$,
$3x-4x=8-12$, $-x=-4$,
$x=4$

42 $\frac{1}{2}(x-4)=\frac{1}{4}x-1$의 양변에 4를 곱하면
$2(x-4)=x-4$,
$2x-8=x-4$, $2x-x=-4+8$,
$x=4$

43 $\frac{1}{3}(2x+1)=\frac{1}{5}(2x-1)$의 양변에 15를 곱하면
$5(2x+1)=3(2x-1)$, $10x+5=6x-3$,
$10x-6x=-3-5$, $4x=-8$,
$x=-2$

44 $\frac{1}{11}(x+2)=\frac{1}{2}(x-3)+1$의 양변에 22를 곱하면
$2(x+2)=11(x-3)+22$,
$2x+4=11x-33+22$, $2x+4=11x-11$,
$2x-11x=-11-4$, $-9x=-15$,
$x=\frac{5}{3}$

46 $\frac{x}{6}=\frac{3x-15}{3}$의 양변에 6을 곱하면
$x=2(3x-15)$, $x=6x-30$,
$x-6x=-30$, $-5x=-30$,
$x=6$

47 $\frac{3x+1}{5}=\frac{x-8}{10}$의 양변에 10을 곱하면
$2(3x+1)=x-8$, $6x+2=x-8$,
$6x-x=-8-2$, $5x=-10$,
$x=-2$

48 $\frac{x+3}{2}=\frac{-3x-2}{8}$의 양변에 8을 곱하면
$4(x+3)=-3x-2$,
$4x+12=-3x-2$,
$4x+3x=-2-12$, $7x=-14$,
$x=-2$

49 $\frac{-x+2}{7}=\frac{x+7}{3}$의 양변에 21을 곱하면
$3(-x+2)=7(x+7)$,
$-3x+6=7x+49$,
$-3x-7x=49-6$, $-10x=43$,
$x=-\frac{43}{10}$

50 $\frac{x+15}{6}=\frac{5-x}{4}$의 양변에 12를 곱하면
$2(x+15)=3(5-x)$,
$2x+30=15-3x$,
$2x+3x=15-30$, $5x=-15$,
$x=-3$

51 $-\frac{10-x}{5}=\frac{x-1}{2}$의 양변에 10을 곱하면
$-2(10-x)=5(x-1)$,
$-20+2x=5x-5$,
$2x-5x=-5+20$, $-3x=15$,
$x=-5$

52 $\frac{x-1}{3}-1=\frac{x+3}{4}$의 양변에 12를 곱하면
$4(x-1)-12=3(x+3)$,
$4x-4-12=3x+9$,
$4x-16=3x+9$, $4x-3x=9+16$,
$x=25$

53 $1+\frac{2x-3}{2}=-\frac{x-10}{4}$의 양변에 4를 곱하면
$4+2(2x-3)=-(x-10)$,
$4+4x-6=-x+10$,
$4x-2=-x+10$,
$4x+x=10+2$, $5x=12$,
$x=\frac{12}{5}$

17 일차방정식의 풀이 평가

108쪽

❗계산 결과를 가분수 또는 기약분수로 나타내지 않아도 정답으로 인정합니다.

❶ $x=3$
❷ $x=-1$
❸ $x=-5$
❹ $x=2$
❺ $x=\frac{3}{2}$
❻ $x=-4$
❼ $x=1$
❽ $x=-6$
❾ $x=-1$
❿ $x=-\frac{1}{3}$

109쪽

❗계산 결과를 가분수 또는 기약분수로 나타내지 않아도 정답으로 인정합니다.

⑪ $x=6$
⑫ $x=\frac{8}{5}$
⑬ $x=0$
⑭ $x=11$
⑮ $x=\frac{4}{3}$
⑯ $x=-11$
⑰ $x=\frac{5}{2}$
⑱ $x=-\frac{1}{2}$
⑲ $x=-1$
⑳ $x=\frac{10}{11}$

110쪽

㉑ $x=-3$
㉒ $x=3$
㉓ $x=10$
㉔ $x=-1$
㉕ $x=8$
㉖ $x=4$
㉗ $x=-3$
㉘ $x=-9$
㉙ $x=32$
㉚ $x=13$

111쪽

❗계산 결과를 가분수 또는 기약분수로 나타내지 않아도 정답으로 인정합니다.

㉛ $x=5$
㉜ $x=-3$
㉝ $x=2$
㉞ $x=7$
㉟ $x=1$
㊱ $x=-\frac{30}{13}$
㊲ $x=-8$
㊳ $x=-5$
㊴ $x=2$
㊵ $x=12$

❶ $4x-3=9$에서
$4x=9+3$,
$4x=12$,
$x=3$

❷ $7x-4=-11$에서
$7x=-11+4$, $7x=-7$,
$x=-1$

❸ $3-x=8$에서
$-x=8-3$, $-x=5$,
$x=-5$

❹ $8x=3x+10$에서
$8x-3x=10$, $5x=10$,
$x=2$

❺ $-4x=-6x+3$에서
$-4x+6x=3$, $2x=3$,
$x=\frac{3}{2}$

❻ $9x=-20+4x$에서
$9x-4x=-20$, $5x=-20$,
$x=-4$

❼ $5x-6=-x$에서
$5x+x=6$, $6x=6$,
$x=1$

❽ $2x+5=x-1$에서
$2x-x=-1-5$,
$x=-6$

❾ $-6x-1=3x+8$에서
$-6x-3x=8+1$, $-9x=9$,
$x=-1$

❿ $6-11x=7-8x$에서
$-11x+8x=7-6$, $-3x=1$,
$x=-\frac{1}{3}$

⑪ $4(x-2)=16$에서
$4x-8=16$,
$4x=16+8$, $4x=24$,
$x=6$

⑫ $-5(1-x)=3$에서
$-5+5x=3$,
$5x=3+5$, $5x=8$,
$x=\frac{8}{5}$

⑬ $x-2(x-2)=4$에서
$x-2x+4=4$, $-x+4=4$,
$-x=4-4$, $-x=0$,
$x=0$

⑭ $11(x+2)=13x$에서
$11x+22=13x$,
$11x-13x=-22$, $-2x=-22$,
$x=11$

⑮ $2(x+4)=5x+4$에서
$2x+8=5x+4$,
$2x-5x=4-8$, $-3x=-4$,
$x=\frac{4}{3}$

⑯ $7x+5=3(2x-2)$에서
$7x+5=6x-6$, $7x-6x=-6-5$,
$x=-11$

⑰ $-(x-13)=-5x+23$에서
$-x+13=-5x+23$,
$-x+5x=23-13$, $4x=10$,
$x=\frac{5}{2}$

⑱ $3(1-x)=-x+4$에서
$3-3x=-x+4$,
$-3x+x=4-3$, $-2x=1$,
$x=-\frac{1}{2}$

⑲ $5(x+7)=3(x+11)$에서
$5x+35=3x+33$,
$5x-3x=33-35$, $2x=-2$,
$x=-1$

⑳ $2(4x-3)=3-(-1+3x)$에서
$8x-6=3+1-3x$, $8x-6=4-3x$,
$8x+3x=4+6$, $11x=10$,
$x=\frac{10}{11}$

㉑ $0.4x+0.2=-1$의 양변에 10을 곱하면
$4x+2=-10$,
$4x=-10-2$, $4x=-12$,
$x=-3$

㉒ $-0.2x+1.4=0.8$의 양변에 10을 곱하면
$-2x+14=8$,
$-2x=8-14$, $-2x=-6$,
$x=3$

㉓ $12-1.6x=-0.4x$의 양변에 10을 곱하면
$120-16x=-4x$,
$-16x+4x=-120$, $-12x=-120$,
$x=10$

㉔ $0.4x+1.7=-0.1x+1.2$의 양변에 10을 곱하면
$4x+17=-x+12$,
$4x+x=12-17$, $5x=-5$,
$x=-1$

㉕ $-2.3x+0.9=-1.5-2x$의 양변에 10을 곱하면
$-23x+9=-15-20x$,
$-23x+20x=-15-9$, $-3x=-24$,
$x=8$

㉖ $-0.02=-0.08x+0.3$의 양변에 100을 곱하면
$-2=-8x+30$,
$8x=30+2$, $8x=32$,
$x=4$

㉗ $0.17x-0.4=-0.01+0.3x$의 양변에 100을 곱하면
$17x-40=-1+30x$,
$17x-30x=-1+40$, $-13x=39$,
$x=-3$

㉘ $-0.9(x+5)=3.6$의 양변에 10을 곱하면
$-9(x+5)=36$, $-9x-45=36$,
$-9x=36+45$, $-9x=81$,
$x=-9$

㉙ $2x-0.2=2.2(x-3)$의 양변에 10을 곱하면
$20x-2=22(x-3)$, $20x-2=22x-66$,
$20x-22x=-66+2$, $-2x=-64$,
$x=32$

㉚ $0.05(2x-3)-0.1=0.07(x+2)$의 양변에 100을 곱하면
$5(2x-3)-10=7(x+2)$,
$10x-15-10=7x+14$, $10x-25=7x+14$,
$10x-7x=14+25$, $3x=39$,
$x=13$

㉛ $\frac{1}{7}x-\frac{2}{7}=\frac{3}{7}$의 양변에 7을 곱하면
$x-2=3$, $x=3+2$,
$x=5$

㉜ $\frac{3}{2}x+\frac{3}{4}=-\frac{15}{4}$의 양변에 4를 곱하면
$6x+3=-15$,
$6x=-15-3$, $6x=-18$,
$x=-3$

㉝ $\frac{5}{3}x-3=\frac{1}{6}x$의 양변에 6을 곱하면
$10x-18=x$,
$10x-x=18$, $9x=18$,
$x=2$

㉞ $-x+\frac{5}{2}=\frac{1}{2}x-8$의 양변에 2를 곱하면
$-2x+5=x-16$,
$-3x=-21$,
$x=7$

㉟ $\frac{1}{5}x+\frac{3}{2}=\frac{1}{2}x+\frac{6}{5}$의 양변에 10을 곱하면
$2x+15=5x+12$,
$2x-5x=12-15$, $-3x=-3$,
$x=1$

㊱ $3-\frac{1}{4}x=\frac{1}{2}-\frac{4}{3}x$의 양변에 12를 곱하면
$36-3x=6-16x$,
$-3x+16x=6-36$, $13x=-30$,
$x=-\frac{30}{13}$

㊲ $-\frac{1}{3}(x+5)=1$의 양변에 3을 곱하면
$-(x+5)=3$, $-x-5=3$,
$-x=3+5$, $-x=8$,
$x=-8$

㊳ $\frac{3}{4}(x-1)=\frac{1}{2}x-2$의 양변에 4를 곱하면
$3(x-1)=2x-8$,
$3x-3=2x-8$, $3x-2x=-8+3$,
$x=-5$

㊴ $\frac{1}{3}(x+4)=\frac{5}{2}(x-2)+2$의 양변에 6을 곱하면
$2(x+4)=15(x-2)+12$,
$2x+8=15x-30+12$, $2x+8=15x-18$,
$2x-15x=-18-8$, $-13x=-26$,
$x=2$

㊵ $\frac{x-6}{3}=\frac{x+4}{8}$의 양변에 24를 곱하면
$8(x-6)=3(x+4)$, $8x-48=3x+12$,
$8x-3x=12+48$, $5x=60$,
$x=12$

18 일차방정식의 활용 (I)

114쪽

❶ (1) 9, 4
(2) 3
(3) 3

❷ (1) 1, 6
(2) 7
(3) 7

115쪽

❸ 5
❹ -3
❺ 2
❻ 4
❼ 8
❽ -8
❾ 6
❿ -7

116쪽

⓫ (1) $x-1$, $x+1$
(2) $(x-1)+x+(x+1)=54$
(3) 18
(4) 17, 18, 19

⓬ 11, 12, 13
⓭ 22
⓮ 19
⓯ 22, 24

117쪽

⓰ (1) (위에서부터) 40세 / $(13+x)$세
(2) $40+x=2(13+x)$
(3) 14
(4) 14

⓱ 13세
⓲ 15년 후
⓳ 10년 후

118쪽

⓴ (1) x, 10
(2) $10x+6=(60+x)-27$
(3) 3
(4) 63

㉑ 51
㉒ 27
㉓ 24

119쪽

㉔ (1) (위에서부터) 3개 / $800x$원
(2) $800x+4500=7700$
(3) 4
(4) 4

㉕ 6자루
㉖ 12개
㉗ 10개

❸ 어떤 수를 x라고 하면
$3x-4=11$
$3x=15$
$x=5$
따라서 어떤 수는 5입니다.

❹ 어떤 수를 x라고 하면
$6x+15=x$
$5x=-15$
$x=-3$
따라서 어떤 수는 -3입니다.

❺ 어떤 수를 x라고 하면
$x+10=6x$
$-5x=-10$
$x=2$
따라서 어떤 수는 2입니다.

❻ 어떤 수를 x라고 하면
$24-x=5x$
$-6x=-24$
$x=4$
따라서 어떤 수는 4입니다.

❼ 어떤 수를 x라고 하면
$3(x+4)=36$
$3x+12=36$
$3x=24$
$x=8$
따라서 어떤 수는 8입니다.

❽ 어떤 수를 x라고 하면
$x-1=2x+7$
$-x=8$
$x=-8$
따라서 어떤 수는 -8입니다.

❾ 어떤 수를 x라고 하면
$4x+3=6x-9$
$-2x=-12$
$x=6$
따라서 어떤 수는 6입니다.

❿ 어떤 수를 x라고 하면
$x+1=\frac{1}{2}(x-5)$
양변에 2를 곱하면
$2x+2=x-5$
$x=-7$
따라서 어떤 수는 -7입니다.

⓫ (3) $(x-1)+x+(x+1)=54$에서
$3x=54$
$x=18$
(4) 가장 작은 수: $18-1=17$
가장 큰 수: $18+1=19$
따라서 세 자연수는 17, 18, 19입니다.

⓬ 세 자연수 중 가운데 수를 x라고 하면
$(x-1)+x+(x+1)=36$
$3x=36$
$x=12$
따라서 세 자연수는 11, 12, 13입니다.

⓭ 세 자연수 중 가운데 자연수를 x라고 하면
$(x-1)+x+(x+1)=63$
$3x=63$
$x=21$
따라서 가장 큰 수는 $21+1=22$입니다.

⓮ 두 홀수 중 작은 수를 x라고 하면 큰 수는 $x+2$이므로
$x+(x+2)=40$
$2x+2=40$
$2x=38$
$x=19$
따라서 두 홀수 중 작은 수는 19입니다.

⓯ 두 짝수 중 작은 수를 x라고 하면 큰 수는 $x+2$이므로
$x+(x+2)=46$
$2x+2=46$
$2x=44$
$x=22$
따라서 두 짝수는 22, 24입니다.

⓰ (3) $40+x=2(13+x)$에서
$40+x=26+2x$
$-x=-14$
$x=14$

⓱ 소민이의 나이를 x세라고 하면
소민이 오빠의 나이는 $(x+3)$세이므로
$x+(x+3)=29$
$2x+3=29$
$2x=26$
$x=13$
따라서 소민이의 나이는 13세입니다.

⓲ x년 후의 아버지의 나이는 $(43+x)$세,
딸의 나이는 $(14+x)$세이므로 x년 후의 딸의 나이가
아버지의 나이의 $\frac{1}{2}$배가 된다고 하면
$14+x=\frac{1}{2}(43+x)$
양변에 2를 곱하면
$28+2x=43+x$
$x=15$
따라서 15년 후입니다.

⓳ x년 후의 승현이의 나이는 $(12+x)$세,
선생님의 나이는 $(35+x)$세이므로 x년 후의 선생님의 나이가 승현이의 나이의 2배보다 1세 더 많아진다고 하면
$35+x=2(12+x)+1$
$35+x=24+2x+1$
$35+x=2x+25$
$-x=-10$
$x=10$
따라서 10년 후입니다.

⓴ (3) $10x+6=(60+x)-27$에서
$10x+6=x+33$
$9x=27$
$x=3$

㉑ 처음 수의 일의 자리의 숫자를 x라고 하면
처음 수는 $50+x$, 바꾼 수는 $10x+5$이므로
$10x+5=(50+x)-36$
$10x+5=x+14$
$9x=9$
$x=1$
따라서 처음 수는 $50+1=51$입니다.

㉒ 처음 수의 십의 자리의 숫자를 x라고 하면
처음 수는 $10x+7$, 바꾼 수는 $70+x$이므로
$70+x=(10x+7)+45$
$70+x=10x+52$
$-9x=-18$
$x=2$
따라서 처음 수는 $10\times2+7=27$입니다.

㉓ 구하려는 자연수의 일의 자리의 숫자를 x라고 하면
이 자연수는 $20+x$이므로
$20+x=4(2+x)$
$20+x=8+4x$
$-3x=-12$
$x=4$
따라서 이 자연수는 $20+4=24$입니다.

㉔ (3) $800x+4500=7700$에서
$800x=3200$
$x=4$

㉕ 연필을 x자루 샀다고 하면
$1000\times5+700x=9200$
$5000+700x=9200$
$700x=4200$
$x=6$
따라서 연필은 6자루 샀습니다.

㉖ 사탕을 x개 샀다고 하면
$400x+2500=7300$
$400x=4800$
$x=12$
따라서 사탕은 12개 샀습니다.

㉗ 고무줄을 x개 샀다고 하면 머리핀은 $(15-x)$개 샀으므로
$300x+600(15-x)=6000$
$300x+9000-600x=6000$
$-300x=-3000$
$x=10$
따라서 고무줄은 10개 샀습니다.

19 일차방정식의 활용 (2) / 일차방정식의 활용 (3) / 일차방정식의 활용 (4)

120쪽

❶ (1) 2
(2) $2\{(x+2)+x\}=28$
(3) 6
(4) 6

121쪽

❷ 12 cm, 8 cm
❸ 6 cm
❹ 128 cm^2
❺ 13 cm, 10 cm
❻ 7 cm
❼ 7 cm

122쪽

❽ (1) x, 2
(2) $(9+x)\times(9-2)=91$
(3) 4
(4) 4

123쪽

❾ 2
❿ 8 cm
⓫ 3
⓬ 3
⓭ 8 cm
⓮ 1 cm

124쪽

⓯ 7
⓰ $\frac{x}{12}$시간
⓱ $\frac{x+1}{9}$시간
⓲ $\frac{x}{6}$, $\frac{x}{5}$, $\frac{x}{6}$, $\frac{x}{5}$
⓳ $\left(\frac{x}{8}+\frac{x-2}{10}\right)$시간

125쪽

⑳ (1) (위에서부터)

시속 4 km /

$\frac{x}{2}$시간, $\frac{x}{4}$시간

(2) $\frac{x}{2}+\frac{x}{4}=3$

(3) 4

(4) 4

㉑ (위에서부터)

시속 3 km /

x시간, $\frac{x}{3}$시간 /

3 km

㉒ (위에서부터)

$(x+2)$ km /

시속 12 km /

$\frac{x+2}{12}$시간 /

4 km

❶ (2) 2{(가로의 길이)+(세로의 길이)}

=(둘레의 길이)

이므로 일차방정식을 세우면

$2\{(x+2)+x\}=28$입니다.

(3) $2\{(x+2)+x\}=28$에서

$2(2x+2)=28$

$4x+4=28$

$4x=24$

$x=6$

❷ 세로의 길이를 x cm라고 하면

가로의 길이는 $(x+4)$cm이므로

$2\{(x+4)+x\}=40$

$2(2x+4)=40$

$4x+8=40$

$4x=32$

$x=8$

따라서 가로의 길이는 $8+4=12$(cm),

세로의 길이는 8 cm입니다.

❸ 세로의 길이를 x cm라고 하면

가로의 길이는 $(x-5)$cm이므로

$2\{(x-5)+x\}=34$

$2(2x-5)=34$

$4x-10=34$

$4x=44$

$x=11$

따라서 가로의 길이는 $11-5=6$(cm)입니다.

❹ 가로의 길이를 x cm라고 하면

세로의 길이는 $2x$ cm이므로

$2(x+2x)=48$

$6x=48$

$x=8$

따라서 가로의 길이는 8 cm,

세로의 길이는 $2\times8=16$(cm)이므로

이 직사각형의 넓이는 $8\times16=128$(cm^2)입니다.

❺ 가로의 길이를 x cm라고 하면

세로의 길이는 $(x-3)$cm이고,

둘레의 길이가 46 cm이므로

$2\{x+(x-3)\}=46$

$2(2x-3)=46$

$4x-6=46$

$4x=52$

$x=13$

따라서 가로의 길이는 13 cm,

세로의 길이는 $13-3=10$(cm)입니다.

❻ 정사각형의 한 변의 길이를 x cm라고 하면

정삼각형의 한 변의 길이도 x cm이므로

$4x+3x=49$

$7x=49$

$x=7$

따라서 정사각형의 한 변의 길이는 7 cm입니다.

❼ 세로의 길이를 x cm라고 하면

가로의 길이는 $(3x-8)$cm이므로

$2\{(3x-8)+x\}=24$

$2(4x-8)=24$

$8x-16=24$

$8x=40$

$x=5$

따라서 가로의 길이는 $3\times5-8=7$(cm)입니다.

❽ (3) $(9+x)\times(9-2)=91$에서

$7(9+x)=91$

$63+7x=91$

$7x=28$

$x=4$

⑨ $\frac{1}{2}\times(5x+2)\times8=48$이므로
$4(5x+2)=48$
$20x+8=48$
$20x=40$
$x=2$

⑩ 사다리꼴의 윗변의 길이를 x cm라고 하면
아랫변의 길이는 $(x+3)$cm이므로
$\frac{1}{2}\times\{x+(x+3)\}\times6=39$
$3(2x+3)=39$
$6x+9=39$
$6x=30$
$x=5$
따라서 아랫변의 길이는 $5+3=8$(cm)입니다.

⑪ 밑변의 길이가 7 cm, 높이가 4 cm인 삼각형의 넓이는
$\frac{1}{2}\times7\times4=14$($cm^2$)입니다.
늘어난 밑변의 길이는 $(7+x)$cm이므로
$\frac{1}{2}\times(7+x)\times4=14+6$
$2(7+x)=20$
$14+2x=20$
$2x=6$
$x=3$

⑫ 줄어든 가로의 길이는 $(12-x)$cm,
늘어난 세로의 길이는 $(12+3)$cm이므로
$(12-x)\times(12+3)=135$
$15(12-x)=135$
$180-15x=135$
$-15x=-45$
$x=3$

⑬ 한 변의 길이가 8 cm인 정사각형의 넓이는
$8\times8=64$(cm^2)입니다.
가로의 길이를 x cm만큼 늘였다고 하면
늘어난 가로의 길이는 $(8+x)$cm,
줄어든 세로의 길이는 $(8-4)$cm이므로
$(8+x)\times(8-4)=64$
$4(8+x)=64$
$32+4x=64$
$4x=32$
$x=8$
따라서 가로의 길이를 8 cm만큼 늘였습니다.

⑭ 한 변의 길이가 10 cm인 정사각형의 넓이는
$10\times10=100$(cm^2)입니다.
세로의 길이를 x cm만큼 늘였다고 하면
줄어든 가로의 길이는 $(10-2)$cm,
늘어난 세로의 길이는 $(10+x)$cm이므로
$(10-2)\times(10+x)=100-12$
$8(10+x)=88$
$80+8x=88$
$8x=8$
$x=1$
따라서 세로의 길이를 1 cm만큼 늘였습니다.

⑳ (3) $\frac{x}{2}+\frac{x}{4}=3$의 양변에 4를 곱하면
$2x+x=12$
$3x=12$
$x=4$

㉑ 올라갈 때 걸린 시간은 $\frac{x}{1}$시간, 즉 x시간,
내려올 때 걸린 시간은 $\frac{x}{3}$시간이고,
총 4시간이 걸렸으므로 일차방정식을 세워 보면
$x+\frac{x}{3}=4$입니다.
$x+\frac{x}{3}=4$의 양변에 3을 곱하면
$3x+x=12$
$4x=12$
$x=3$
따라서 하겸이가 올라간 등산로의 길이는 3 km입니다.

㉒ 갈 때 걸린 시간은 $\frac{x}{8}$시간,
올 때 걸린 시간은 $\frac{x+2}{12}$시간이고,
총 1시간이 걸렸으므로 일차방정식을 세워 보면
$\frac{x}{8}+\frac{x+2}{12}=1$입니다.
$\frac{x}{8}+\frac{x+2}{12}=1$의 양변에 24를 곱하면
$3x+2(x+2)=24$
$3x+2x+4=24$
$5x+4=24$
$5x=20$
$x=4$
따라서 지민이가 자전거를 타고 시속 8 km로 달린 거리는 4 km입니다.

20 일차방정식의 활용 평가

126쪽

❶ 7
❷ 3
❸ 10
❹ 2
❺ 26, 27, 28
❻ 30
❼ 59
❽ 48, 50

127쪽

❾ 14세
❿ 17년 후
⓫ 9년 후
⓬ 31
⓭ 18
⓮ 21

128쪽

⓯ 7개
⓰ 8자루
⓱ 2개, 8개
⓲ 17 cm, 12 cm
⓳ 6 cm
⓴ 4 cm

129쪽

㉑ 6 cm
㉒ 2
㉓ 5 cm
㉔ (위에서부터)
시속 4 km /
$\frac{x}{3}$시간, $\frac{x}{4}$시간 /
12 km
㉕ (위에서부터)
$(x+20)$ km /
시속 50 km /
$\frac{x+20}{50}$시간 /
80 km

❶ 어떤 수를 x라고 하면
$2x+7=21$
$2x=14$
$x=7$
따라서 어떤 수는 7입니다.

❷ 어떤 수를 x라고 하면
$x+12=5x$
$-4x=-12$
$x=3$
따라서 어떤 수는 3입니다.

❸ 어떤 수를 x라고 하면
$3x-2=2x+8$
$x=10$
따라서 어떤 수는 10입니다.

❹ 어떤 수를 x라고 하면
$6(x+1)=x+16$
$6x+6=x+16$
$5x=10$
$x=2$
따라서 어떤 수는 2입니다.

❺ 세 자연수 중 가운데 자연수를 x라고 하면
$(x-1)+x+(x+1)=81$
$3x=81$
$x=27$
따라서 세 자연수는 26, 27, 28입니다.

❻ 세 자연수 중 가운데 자연수를 x라고 하면
$(x-1)+x+(x+1)=93$
$3x=93$
$x=31$
따라서 가장 작은 수는 $31-1=30$입니다.

❼ 두 홀수 중 작은 수를 x라고 하면
큰 수는 $x+2$이므로
$x+(x+2)=116$
$2x+2=116$
$2x=114$
$x=57$
따라서 두 홀수 중 큰 수는 $57+2=59$입니다.

❽ 두 짝수 중 작은 수를 x라고 하면
큰 수는 $x+2$이므로
$x+(x+2)=98$
$2x+2=98$
$2x=96$
$x=48$
따라서 두 짝수는 48, 50입니다.

❾ 지홍이의 나이를 x세라고 하면
지홍이 누나의 나이는 $(x+5)$세이므로
$x+(x+5)=33$
$2x+5=33$
$2x=28$
$x=14$
따라서 지홍이의 나이는 14세입니다.

❿ x년 후의 이모의 나이는 $(41+x)$세,
조카의 나이는 $(12+x)$세이므로 x년 후의 이모의 나이가 조카의 나이의 2배가 된다고 하면
$41+x=2(12+x)$
$41+x=24+2x$
$-x=-17$
$x=17$
따라서 17년 후입니다.

⓫ x년 후의 예빈이의 나이는 $(16+x)$세,
할아버지의 나이는 $(66+x)$세이므로 x년 후의 예빈이의 나이가 할아버지의 나이의 $\frac{1}{3}$배가 된다고 하면
$16+x=\frac{1}{3}(66+x)$
양변에 3을 곱하면
$48+3x=66+x$
$2x=18$
$x=9$
따라서 9년 후입니다.

⓬ 처음 수의 일의 자리의 숫자를 x라고 하면
처음 수는 $30+x$, 바꾼 수는 $10x+3$이므로
$10x+3=(30+x)-18$
$10x+3=x+12$
$9x=9$
$x=1$
따라서 처음 수는 $30+1=31$입니다.

⓭ 처음 수의 십의 자리의 숫자를 x라고 하면
처음 수는 $10x+8$, 바꾼 수는 $80+x$이므로
$80+x=(10x+8)+63$
$80+x=10x+71$
$-9x=-9$
$x=1$
따라서 처음 수는 $10\times1+8=18$입니다.

⓮ 구하려는 자연수의 십의 자리의 숫자를 x라고 하면
이 자연수는 $10x+1$이므로
$10x+1=7(x+1)$
$10x+1=7x+7$
$3x=6$
$x=2$
따라서 이 자연수는 $10\times2+1=21$입니다.

⓯ 우유를 x개 샀다고 하면
$1200\times4+800x=10400$
$4800+800x=10400$
$800x=5600$
$x=7$
따라서 우유는 7개 샀습니다.

⓰ 형광펜을 x자루 샀다고 하면
$600x+4500=9300$
$600x=4800$
$x=8$
따라서 형광펜은 8자루 샀습니다.

⓱ 핫도그를 x개 샀다고 하면
튀김은 $(10-x)$개 샀으므로
$1500x+700(10-x)=8600$
$1500x+7000-700x=8600$
$800x=1600$
$x=2$
따라서 핫도그는 2개,
튀김은 $10-2=8$(개) 샀습니다.

⓲ 세로의 길이를 x cm라고 하면
가로의 길이는 $(x+5)$ cm이므로
$2\{(x+5)+x\}=58$
$2(2x+5)=58$
$4x+10=58$
$4x=48$
$x=12$
따라서 가로의 길이는 $12+5=17$(cm),
세로의 길이는 12 cm입니다.

⓳ 정사각형의 한 변의 길이를 x cm라고 하면
$4x+8x=72$
$12x=72$
$x=6$
따라서 정사각형의 한 변의 길이는 6 cm입니다.

⑳ 메모지의 세로의 길이를 x cm라고 하면
가로의 길이는 $(2x-3)$cm이므로
$2\{(2x-3)+x\}=18$
$2(3x-3)=18$
$6x-6=18$
$6x=24$
$x=4$
따라서 세로의 길이는 4 cm입니다.

㉑ 사다리꼴의 윗변의 길이를 x cm라고 하면
아랫변의 길이는 $(x+2)$cm이므로
$\frac{1}{2}\times\{x+(x+2)\}\times7=35$
$\frac{7}{2}(2x+2)=35$
양변에 2를 곱하면
$7(2x+2)=70$
$14x+14=70$
$14x=56$
$x=4$
따라서 아랫변의 길이는 $4+2=6$(cm)입니다.

㉒ 줄어든 가로의 길이는 $(6-x)$cm,
늘어난 세로의 길이는 $(6+6)$cm이므로
$(6-x)\times(6+6)=48$
$12(6-x)=48$
$72-12x=48$
$-12x=-24$
$x=2$

㉓ 한 변의 길이가 15 cm인 정사각형의 넓이는
$15\times15=225$(cm^2)입니다.
정사각형의 가로의 길이를 x cm만큼 늘였다고 하면
늘어난 가로의 길이는 $(15+x)$cm
줄어든 세로의 길이는 $(15-8)$cm이므로
$(15+x)\times(15-8)=225-85$
$7(15+x)=140$
$105+7x=140$
$7x=35$
$x=5$
따라서 가로의 길이를 5 cm만큼 늘였습니다.

㉔ 갈 때 걸린 시간은 $\frac{x}{3}$시간,
올 때 걸린 시간은 $\frac{x}{4}$시간이고,
총 7시간이 걸렸으므로 일차방정식을 세워 보면
$\frac{x}{3}+\frac{x}{4}=7$입니다.
$\frac{x}{3}+\frac{x}{4}=7$의 양변에 12를 곱하면
$4x+3x=84$
$7x=84$
$x=12$
따라서 두 지점 A, B 사이의 거리는 12 km입니다.

㉕ 갈 때 걸린 시간은 $\frac{x}{80}$시간,
올 때 걸린 시간은 $\frac{x+20}{50}$시간이고,
총 3시간이 걸렸으므로 일차방정식을 세워 보면
$\frac{x}{80}+\frac{x+20}{50}=3$입니다.
$\frac{x}{80}+\frac{x+20}{50}=3$의 양변에 400을 곱하면
$5x+8(x+20)=1200$
$5x+8x+160=1200$
$13x+160=1200$
$13x=1040$
$x=80$
따라서 자동차가 시속 80 km로 달린 거리는
80 km입니다.

성취도 평가 1회

130쪽

❶ $-4x$

❷ $0.1ab^3$

❸ $-\frac{x}{2y}$

❹ $\frac{a}{3}-\frac{y}{5}$

❺ $\frac{y(x+1)}{z}$

❻ 6

❼ 8

❽ 2

❾ $\frac{1}{2}$

❿ -3

⓫ 1

⓬ 2

131쪽

❗ 계산 결과를 가분수 또는 기약분수로 나타내지 않아도 정답으로 인정합니다.

⓭ $-\frac{2}{5}x$

⓮ $-14y+7$

⓯ $2-7a$

⓰ $-2x+3$

⓱ $-\frac{5}{3}x+\frac{2}{3}$

⓲ $x=3+2$

⓳ $-5x=-9-1$

⓴ $3x-x=-6$

㉑ $2x-4x=-7+5$

㉒ $-11x+9x=-\frac{1}{4}-\frac{3}{2}$

132쪽

❗ 계산 결과를 가분수 또는 기약분수로 나타내지 않아도 정답으로 인정합니다.

㉓ $x=3$

㉔ $x=-10$

㉕ $x=4$

㉖ $x=\frac{41}{2}$

㉗ $x=-4$

㉘ 8

㉙ 19 cm

㉚ 6 km

❸ $x\div(-2)\div y=x\times\left(-\frac{1}{2}\right)\times\frac{1}{y}=-\frac{x}{2y}$

❹ $a\div3+y\div(-5)=a\times\frac{1}{3}+y\times\left(-\frac{1}{5}\right)=\frac{a}{3}-\frac{y}{5}$

❺ $y\times(x+1)\div z=y\times(x+1)\times\frac{1}{z}=\frac{y(x+1)}{z}$

❻ $a-2b=4-2\times(-1)=6$

❼ $-2ab=-2\times4\times(-1)=8$

❽ $\frac{2a}{b^3+5}=\frac{2\times4}{(-1)^3+5}=\frac{8}{4}=2$

⓭ $\left(-\frac{6}{5}x\right)\div3=\left(-\frac{6}{5}x\right)\times\frac{1}{3}$
$=\left(-\frac{6}{5}\right)\times\frac{1}{3}\times x$
$=-\frac{2}{5}x$

⓮ $-7(2y-1)=(-7)\times2y-(-7)\times1$
$=-14y+7$

⓯ $(6-21a)\div3=(6-21a)\times\frac{1}{3}$
$=6\times\frac{1}{3}-21a\times\frac{1}{3}$
$=2-7a$

⓰ $(4x-1)+2(-3x+2)=4x-1-6x+4$
$=4x-6x-1+4$
$=-2x+3$

⓱ $\frac{1}{3}(-x+4)-\frac{2}{3}(2x+1)$
$=-\frac{1}{3}x+\frac{4}{3}-\frac{4}{3}x-\frac{2}{3}$
$=-\frac{1}{3}x-\frac{4}{3}x+\frac{4}{3}-\frac{2}{3}$
$=-\frac{5}{3}x+\frac{2}{3}$

㉓ $3x-7=2$에서
$3x=2+7$
$3x=9$
$x=3$

㉔ $x+5=2x+15$에서
$x-2x=15-5$
$-x=10$
$x=-10$

㉕ $10-5(2x-1)=-7x+3$에서
$10-10x+5=-7x+3$
$-10x+15=-7x+3$
$-10x+7x=3-15$
$-3x=-12$
$x=4$

㉖ $0.3(x-1)=0.26(x+2)$의 양변에 100을 곱하면
$30(x-1)=26(x+2)$
$30x-30=26x+52$
$30x-26x=52+30$
$4x=82$
$x=\frac{41}{2}$

㉗ $2x-\frac{5}{6}=\frac{1}{2}+\frac{7}{3}x$의 양변에 6을 곱하면
$12x-5=3+14x$
$12x-14x=3+5$
$-2x=8$
$x=-4$

㉘ 어떤 수를 x라고 하면
$x+12=\frac{5}{2}x$
양변에 2를 곱하면
$2x+24=5x$
$-3x=-24$
$x=8$
따라서 어떤 수는 8입니다.

㉙ 세로의 길이를 x cm라고 하면
가로의 길이는 $(x+3)$cm이므로
$2\{(x+3)+x\}=70$
$2(2x+3)=70$
$4x+6=70$
$4x=64$
$x=16$
따라서 가로의 길이는 $16+3=19$(cm)입니다.

㉚ 채린이가 올라간 등산로의 길이를 x km라고 하면
$\frac{x}{2}+\frac{x}{3}=5$
양변에 6을 곱하면
$3x+2x=30$
$5x=30$
$x=6$
따라서 채린이가 올라간 등산로의 길이는 6 km입니다.

성취도 평가 2회

133쪽

❶ $3x$점
❷ $(10a+6)$개
❸ $300+10x+y$
❹ $\frac{x}{75}$시간
❺ $-\frac{1}{5}a$
❻ $8x-6$
❼ $-3x+14$
❽ $3x-6$
❾ $8x-1$

134쪽

❿ $\frac{2}{5}$
⓫ 1.7
⓬ -7
⓭ 4
⓮ 일
⓯ 일
⓰ 항
⓱ 항
⓲ 일

135쪽

⓳ $x=2$
⓴ $x=8$
㉑ $x=-4$
㉒ $x=-2$
㉓ 6년 후
㉔ 5줄
㉕ 4 cm

❺ $\frac{1}{15}a\times(-3)=\frac{1}{15}\times(-3)\times a=-\frac{1}{5}a$

❻ $(4x-3)\times2=4x\times2-3\times2=8x-6$

❼ $\left(\frac{1}{4}x-\frac{7}{6}\right)\div\left(-\frac{1}{12}\right)$
$=\left(\frac{1}{4}x-\frac{7}{6}\right)\times(-12)$
$=\frac{1}{4}x\times(-12)-\frac{7}{6}\times(-12)$
$=-3x+14$

❽ $(x+3)-(-2x+9)$
$=x+3+2x-9$
$=x+2x+3-9$
$=3x-6$

❾ $(5x-3)+\frac{1}{4}(12x+8)$
$=5x-3+3x+2$
$=5x+3x-3+2$
$=8x-1$

⓮ $3x+1=1$에서 $3x=0$이므로 일차방정식입니다.

⓯ $2x+1=-2x+1$에서 $4x=0$이므로 일차방정식입니다.

⓰ (좌변)$=x-5$
(우변)$=-5+x=x-5$
(좌변)=(우변)이므로 항등식입니다.

⓱ (좌변)$=-6x+3$
(우변)$=3(1-2x)=3-6x=-6x+3$
(좌변)=(우변)이므로 항등식입니다.

⓲ $-x^2+4x-1=3x-x^2$에서 $x-1=0$이므로 일차방정식입니다.

⓳ $x=4x-6$에서
$x-4x=-6$
$-3x=-6$
$x=2$

⓴ $x+2=5(x-6)$에서
$x+2=5x-30$
$x-5x=-30-2$
$-4x=-32$
$x=8$

㉑ $0.2x+0.5=-0.4x-1.9$의 양변에 10을 곱하면
$2x+5=-4x-19$
$2x+4x=-19-5$
$6x=-24$
$x=-4$

㉒ $\frac{2}{5}(7+x)=\frac{1}{2}(-x+2)$의 양변에 10을 곱하면
$4(7+x)=5(-x+2)$
$28+4x=-5x+10$
$4x+5x=10-28$
$9x=-18$
$x=-2$

㉓ x년 후의 형의 나이는 $(16+x)$세,
동생의 나이는 $(5+x)$세이므로 x년 후의 형의 나이가 동생의 나이의 2배가 된다고 하면
$16+x=2(5+x)$
$16+x=10+2x$
$-x=-6$
$x=6$
따라서 6년 후입니다.

㉔ 김밥을 x줄 샀다고 하면
$500\times7+2500x=16000$
$3500+2500x=16000$
$2500x=12500$
$x=5$
따라서 김밥은 5줄 샀습니다.

㉕ 한 변의 길이가 11 cm인 정사각형의 넓이는
$11\times11=121(\mathrm{cm}^2)$입니다.
정사각형의 가로의 길이를 x cm만큼 늘였다고 하면
늘어난 가로의 길이는 $(11+x)$cm,
줄어든 세로의 길이는 $(11-2)$cm이므로
$(11+x)\times(11-2)=121+14$
$9(11+x)=135$
$99+9x=135$
$9x=36$
$x=4$
따라서 가로의 길이를 4 cm만큼 늘였습니다.

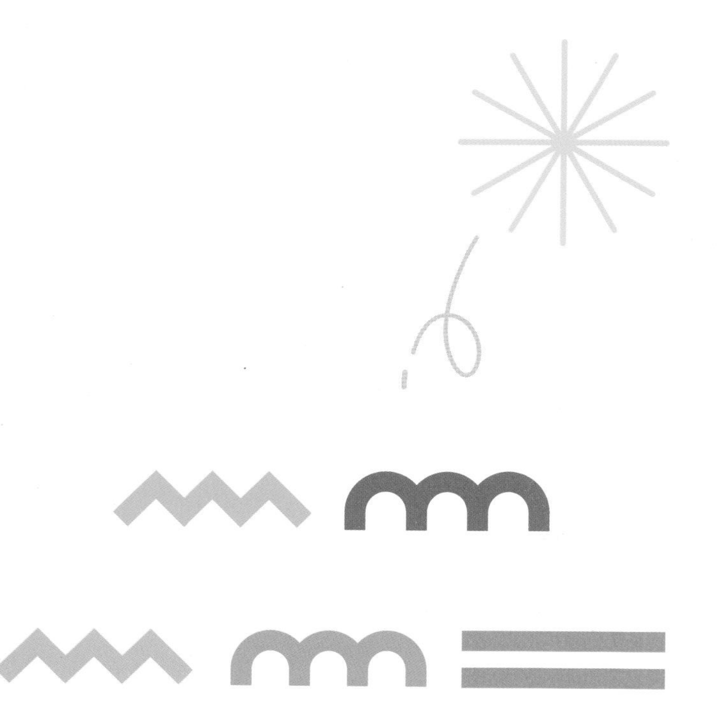